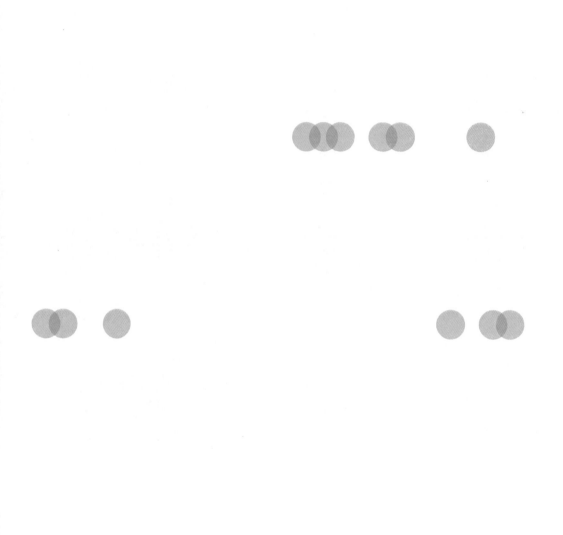

發酵　蒸餾　浸泡酒　的科普藝術

大人的釀酒學

chapter

1

我們所知的「酒」，以及盛開的發酵奧秘

chapter

2

●

純
釀
果
酒
樂
園
的
嘉
年
華

chapter

3

啟動果酒的釀酵開關

chapter

4

米酒：糖化與酒化並行的酒麴宇宙

chapter
5.

昇華與靜萃：蒸餾酒與調合酒

序

「有人要喝看看芭樂酒嗎？」

「金棗酒很特別，喝起來微麻、又沒有酒精的感覺，忍不住當作飲料喝，還是會醉的。」

「這是我用釋迦釀的酒，用蜂蜜取代糖，可以喝看看。」

「這瓶是烘焙用的無花果乾釀的酒，很不一樣。」

「我們家有種番茄，家人打成番茄汁後，帶上來給我，再來釀酒看看，再告訴大家如何。」

「金黃色的這瓶，我是連水梨的果皮一起釀，我很喜歡。」

「這是冬蜜鳳梨、那是金鑽鳳梨釀的酒，想先喝哪種鳳梨？」

「這個好，dry的、完全沒有調過，果香與酒的滋味都很棒，外頭喝不到的。」

在一場釀酒課後的聚會，朋友們帶來自己釀的果酒，用不同的果實、果汁與果乾釀得，搶鮮飲盡。這些朋友都參加過「大人的釀酒學：自選水果釀酒術」課程，掌握釀酒的原則與技術後，開始蒐羅可釀酒的材料，像是無花果乾、釋迦、芭樂、鳳梨、荔枝、百香果、蜂蜜、檸檬、水梨、蘋果、市售果汁等，打開釀酒敏感度，藉由嘗試垂手可獲的食材，透過發酵酒化，創造出自己釀酒的記憶。

2016年至今，已有超過百位友人與Gather四合院一同釀酒，自行或同樂釀酒後，不忘帶伴手酒回來分享同飲，此外，也不少朋友帶回「疑惑」，像是「這百香果酒，怎麼怪怪的，我依照上課的果肉與補水的比例啊」，也有曾上過其他釀酒課程的朋友驚呼「原來Air Lock要加水」。

除此之外，亦有不少令人印象深刻的故事。
「阿嬤說葡萄洗乾淨要晾乾，為什麼？」
「阿嬤有時候釀酒會成功，喝起來甜甜的，有時候又變成醋。」
「長輩都說小孩有耳無嘴，不能問酒釀好了嗎？不然就會變失敗。」
「記得以前要看釀酒的甕，就被長輩制止，說不能一直看。」
「老人家走後，沒有人學起來，就都沒有人會了。」
「這小米酒跟我們部落釀的一樣，這是怎麼釀的？」
開課初期，有許多年輕朋友都是因為「阿嬤釀酒法」來的，懷念發酵成酒，邊釀邊聊曾有的發酵景緻。

因為釀酒課程，認識眾多同嗜釀造發酵的朋友，「我在出版社工作，看了不少書、上了不少課，今天總算讓我融會貫通了。」麥浩斯的朋友專程到四合院上課後，給予回饋、提出出版邀約，出版計劃逐漸萌芽。

2017年開始與獨立書店、廚藝教室、餐坊廳堂、農友們合作，在不同的場域分享釀酒，談起發酵經驗，話題像是發酵的活力，釀旅指南越發豐富，逐次於本書再現。

　「我們家門前的葡萄，又快可以採收了，很澀很酸，不好入口，想要來學釀酒，再用那些葡萄來釀酒。」一位特地從宜蘭到四合院好幾趟的農友說，當下講定直接到宜蘭開釀酒私塾，參與的農友們帶自家種的水果以及釀造經驗前來，從日頭正艷到夕陽、落山。

　「希望有更多人參與釀造，如果可以，可以到我們那邊開課」、「新居剛剛落成，可以來南部開課嗎？」、「部落想來兩場傳統與科學釀造的對話」、「有外國廚師到我們餐廳交流，廚師對釀造很有興趣，有些疑惑，看過上課的講義後，稍稍理解，但還是有些疑惑，希望能有機會當面交流」，心中滿是感動、感謝肯定，一同喝我們土地自釀的酒。

　「每家都有釀作的傳世秘笈。」
　在我們拜訪有釀造發酵習慣的朋友、長輩後，深深感受的心得。釀造可透過口傳、身教的方式傳承，不少朋友說到：「第一年做成功後，第二年不一定會成功，往往要做五年，才會有比較穩定的成果」、「這次做的條件、比例，不太確定是不是跟上次一樣」、「上次是大姐一起帶著我做的，這次是我自己做的，才發現很多細節都忘了」，對於某些朋友而言，釀造與發酵需經過五年甚至更長的時間摸索，因為如何營造適合發酵的環境，是重要的關鍵，也是本書想與釀友們分享的內涵。

　「有釀酒的經驗嗎？」
　不少朋友肯定回應―「梅酒」，續問後，發現是將梅子浸泡於米酒或清酒或其他蒸餾酒液的「梅子浸泡酒」，而非「梅子純釀酒」。

本書以酒的分類為始，進而分述相關原理，以及依照原理示範釀造與實作過程。與朋友談到關於酒的話題，往往得先釐清酒的種類：純釀、蒸餾與浸泡酒。浸泡酒係取蒸餾酒作基酒，蒸餾酒又是以純釀發酵酒而來，純釀酒可謂是蒸餾酒與浸泡酒的根盤，因而，本書安排三個章節條敘果實、果汁與穀類的純釀酒，續由釀造發酵的原理、實作，衍鍊蒸餾與浸泡酒的科普原則。

「百香果酒，太好喝了，發酵期程都還沒走完，我就喝完了。」
「荔枝酒太銷魂了！」
「梅子純釀酒，都被他喝完了，他說好好喝啊！」
「柚子酒，一開始不怎麼討喜，放了兩三個月後，就不太一樣啦。」
「紅龍果汁加上紅龍果蒸餾酒，彼此相互提升，酒香與果香變得好立體。」
「釀了一星期，我喝一些，釀了一個月，我喝一些，釀了一段時間，又喝一些，每次的潤口程度都不一樣。」

發酵迷人，也能醉人，每個有發酵釀力的朋友，都能成為自己的品酒師，抉擇自己發酵的停損點，又或者持續發酵，嚐嗜不同發酵階段的果酒或穀物酒，邀請更多釀友加入發酵釀旅，探索、品味、釀定、酵對自己的味，釀出自己的發酵潛能、釀集自家「酵念的傳世秘笈」。

chapter 1

我們所知的「酒」，
以及盛開的發酵奧秘

說到酒，大家會想到什麼呢？塵封在家中櫃子內的陳年高粱？威士忌？又或者是啤酒？紅白酒？小米酒？米酒？又或是梅酒？其間的差別在哪裡？各是如何製得？

酒是什麼？

喝了酒之後我們會感覺身體開始熱熱的，臉紅紅的，適量的品飲會讓人帶點微醺的感覺，主要就是乙醇（俗稱酒精）搞的鬼。

依照我國《菸酒管理法》規定，對於「酒」的定義係「指含酒精成分以容量計算超過百分之零點五之飲料」，但有兩種例外：甜酒釀及味醂不受該法管制。

以往的酒，在政府的管制下實施公賣條例，無法進行私釀，直到加入WTO之後，開始開放民間釀酒，也開放酒品的進口。其實在未開放之前，許多人都有自釀的經驗，像是阿嬤的釀酒法，水果加糖密封發酵後就會有酒味，將酒麴（俗稱白殼）撒在吃剩的飯上面拌勻靜置後也可做米酒，甚至聽說原住民的朋友將小米放入口中嚼一嚼，藉由口水的酵素來糖化澱粉，就可釀出小米酒，所以很多人覺得酒的釀製並不難，且是日常生活的一部分。

年輕一代的朋友，為了將記憶中家的釀造風味保留下來，開始有興趣進行摸索。開放私釀後，也漸漸興起了一股釀酒風氣，各式各樣的酒紛紛出現，又以水果酒最常見，因為臺灣一年四季皆有豐富的水果種類，且多數都可拿來釀酒。另臺灣的家庭料理中常需要米酒作為佐料，所以

除了水果酒外，米酒的私釀也相當盛行。雖說自釀酒好壞判斷單純依著自己喜好，過程有趣最重要，但如果可以進一步了解基本的釀造原理，不但能創造出個人風格的酒，對於品質的穩定、酒精度高低的掌握、糖酸比例平衡等，就更能夠拿捏了。

如下圖中顯示，五月到九月的平均溫度可能高於25度，需特別注意發酵的狀況，是否有異味或發酵不全的狀態。家中有釀酒經驗的長輩常會說夏天不適合釀酒，這是有原因的，待下一章再進一步說明。但夏天的水果特別好吃也適合釀酒，不釀就可惜了。

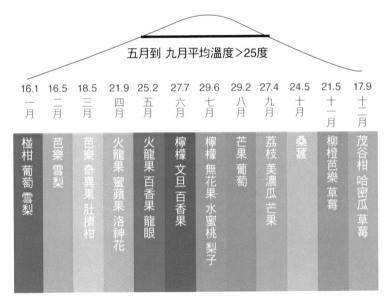

五月到 九月平均溫度>25度

16.1	16.5	18.5	21.9	25.2	27.7	29.6	29.2	27.4	24.5	21.5	17.9
一月	二月	三月	四月	五月	六月	七月	八月	九月	十月	十一月	十二月
椪柑 葡萄 雪梨	芭樂 雪梨	芭樂 奇異果 肚臍柑	火龍果 蜜蘋果 洛神花	火龍果 百香果 龍眼	檸檬 文旦 百香果	檸檬 無花果 水蜜桃 梨子	芒果 葡萄	荔枝 美濃瓜 芒果	桑葚	柳橙 芭樂 草莓	茂谷柑 哈密瓜 草莓

季節與水果參考圖

除此之外，自己釀酒還有個好處，就是清楚原料來源及酒中的成分。居家釀酒不添加防腐劑（如二氧化硫）等化學成份，結合時令的水果原物料或穀類進行釀造，可以力求健康與多元風味的酒品。

釀製酒、蒸餾酒與合成酒

　　喜好酒品的朋友，對市面上的酒如白蘭地、威士忌、米酒、清酒、紹興、花雕、梅酒、啤酒、高粱、紅／白酒，伏特加、琴酒、萊姆酒、燒灼也許都不陌生，如要自己釀造，建議先了解各種酒之間有什麼差別。

　　就上述酒，除了原物料的差異之外，最主要是釀造生產的方式不同，因此，所得到酒的特性風格也大不相同。按產製方式，酒略可分成三大類：釀製酒、蒸餾酒與合成酒。

我們所知的「酒」，以及盛開的發酵奧秘

酒的分類圖

加熱蒸餾

蒸餾酒
(distilled liquor)
酒精濃度介於20~68%
釀製酒經蒸餾後所得之酒類。
屬於此類的酒包括有：威士忌、蘭地、米酒、梁酒、燒酒、蘭姆酒等。

釀製酒
(fermented liquor)
酒精濃度<20%
以糖質或澱粉質為原料，利用微生物進行酒精發酵稱之。
(1)單式發酵酒：如葡萄酒、荔枝酒、楊桃酒等水果酒。
(2)複式發酵酒：a.單行複式發酵酒：如啤酒。b.並行複式發酵酒：如紹興酒、清酒。

浸泡/調和

合成酒
(compounded liquor)
又稱混合酒、調和酒或再製酒，是以釀製酒、蒸餾酒或酒精溶液為原料，再添加香味料、著料、藥材及其他調味料混合之後，經一段時間熟成，所製成的酒類。

釀製酒（fermented liquor）

　　被定義為：釀製酒的酒精來源，必須單純利用微生物進行酒精發酵而得，才可被歸於此類。

　　發酵過程中看到酒精成分一直升高，是釀造者最開心不過的事，不過對於發酵中的微生物就不是這麼認為了。我們都知道酒精具有殺菌力，藉由使微生物蛋白脫水、變性凝固的機制，來抑制微生物生長。於發酵過程，酒精濃度漸漸上升的同時，微生物也就漸漸的被抑制而停止代謝，終止酒精發酵，所以被歸納為釀製酒的酒，酒精濃度都不會太高，約10-20%之間，如清酒、紹興、花雕、小米酒、黃酒、啤酒、水果酒、紅酒、白酒。

　　另外，釀製酒又可依照糖化處理與否區分：單式發酵與複式發酵。如原物料的主成分為糖類如水果，可直接由微生物發酵轉換成酒精，則稱為單式發酵；多數人熟悉的葡萄酒及各式水果酒、蜂蜜酒即屬此類。

　　清酒、紹興、花雕、小米酒、黃酒等，因原料為含有高量澱粉的穀類，微生物無法直接利用發酵轉換成酒精，因此，微生物需先進行糖化作用，藉由酵素幫忙，將大分子的澱粉，分解成小分子的葡萄糖或果糖，同時間微生物利用分解後的糖進行酒化作用換成酒精，如此，糖化與酒化作用同時進行，稱為並行複式發酵。

　　比較特別的是啤酒，因糖化的作用與酒化作用分開進行，另被歸類為單行複式發酵。因此，對原物料特性的掌握程度，決定該採取何種釀製方式，是釀造者首要課題。

蒸餾酒（distilled liquor）

　　是將釀造酒透過蒸餾的技術而得，簡單的說，蒸餾即濃縮的概念，可將釀製酒的酒精濃度提高至20%以上。如我們所熟知的米酒、泡盛、高粱酒、伏特加、龍舌蘭、琴酒、萊姆酒、燒灼、白蘭地與威士忌等，酒精濃度多在20-68%。

合成酒（compounded liquor）

　　又稱混和酒、調和酒、再製酒、浸泡酒。每年4、5月時，許多朋友都會製作的浸泡梅子酒即屬於此類。主要是用高濃度酒精的酒，如米酒、米酒頭、高粱酒或伏特加，透過時間的浸泡，來萃取原料的顏色、成分及香氣。市面上賣的多數水果酒都是以此方式製作，標籤上多會標註再製酒。

　　值得一提的是，當我們釀造好各種水果酒，也可試著以不同比例來調和，做出顏色、香氣與口感平衡的綜合水果酒。例如將紅龍果肉酒與巨峰葡萄酒以5：3的比例調合，在風味、口感及整體感受上有不錯的結果。

以家釀者的角度，此三類酒的特性如下表。

酒的分類表

	時間	酒精度	技術	風味
釀造酒	長 發酵過程約莫落在一個月。	低 釀造酒約13%。	高 需了解微生物的特性才能釀出好酒。	多元 因透過微生物的作用變因較多，香氣也因此而多元。
蒸餾酒	短 蒸餾的過程約數個小時。	高 蒸餾酒平均約40%。	高 需掌握出酒時間，亦須相當的技術。	單一 蒸餾酒可依經驗擷取部分片段（香氣），相對單一。
浸泡酒	依需求 依原物料種類，浸泡時間可長可短。	中 約20%，當然也可調到10%以下比較親民。	低 失敗率相對較低，通常依配方比例進行沒有太大問題。	依需求 依著不同原物料或香料添加與否而有所差異。

「酒」雖略分為三個種類，卻都與發酵有著遠近關係，也因為發酵的奧秘，讓純釀酒除了酒精外，還會因原物料不同，有其獨特的風味、色澤與蘊味，因此，本書給予發酵酒的篇幅較蒸餾酒與再製酒多。

酒是怎麼產生的？

文獻曾記載，非洲的大象、長頸鹿等野生動物，因吃了椰子的果實而醉醺醺；猴子在山洞裡吃了葡萄而醉倒，是人類發現酒的過程。為什麼這些動物能吃到讓人微醺的果實（含酒精成分的果實）呢？如今的科學知識幫我們解開了這樣的謎題。

上述的過程紀錄說明了，酒精成分的產出方式並非人類所發明，而是自然界常發生的現象，即所謂的「發酵」。

發酵現象早已被人們所觀察到，但了解它的本質卻是近百年來的事。發酵的英文為fermentation，是由拉丁語fervere衍生而來，試著鼓動雙唇持續讀出fervere，像是沸騰產生的氣泡翻滾的聲響，為沸騰之意，中文字對於發酵的詮釋，則是用「發」來形容，也與fervere讀音相似。

應用於酒精的發酵上就是：當微生物作用於果汁或含糖液體時，液體中的糖在無氧的環境下，分解產生二氧化碳，造成冒泡如沸騰之現象。

有幾位釀酒的朋友曾分享翻滾沸騰的經驗：他們不約而同地將發酵的酒液放置密封瓶罐內，有的打開瓶蓋後，酒液直接衝噴而出，瓶內剩不到一半的酒液；有的則是直接爆瓶，由此就可以想像發酵的能量是如何洶湧。

廣義的說：於各領域的應用上，只要是藉由微生物的生長代謝與生化反應，大量產生和積累專門的代謝產物的反應過程，均可稱為「發酵」。於此書中，主要重點產物為酒精，即酒精發酵。

　　人們喜歡釀製酒的原因是，發酵除了可產出目標產物（如酒精）外，還可提升食物本身的營養價值、保存時間與風味，發酵過程也含有許多酵素，甚至被認為是「未來食」─從古老、質樸的飲食方式，開始回到人的視野中，吃到不過度調味與加工的發酵食生活型態。

　　大人的釀酒學一書，主要希望以居家釀酒的方式為前提，帶入一些食品科學與微生物的科學概念，讓大家進一步了解基本的發酵原理，理解實務上操作過程的種種原因，以及每個動作、每個環節的目的，進而找出自己的釀造配方，釀出自己喜愛的酵念滋味。

　　前述內容提到許多微生物，也知道發酵需要微生物的幫忙，到底哪種微生物是釀酒的主角呢？

一、具有酵力的微生物

釀酒微生物被找到了—酵母菌

微生物早於人類歷史，存活在我們呼吸的空氣間，微生物很小很小，小到可以隨風逐流、飄揚在空氣中，必須放大好幾倍才可被肉眼觀察到。還好在16世紀，荷蘭的學者雷文霍克（Leeuwenhoek）發明世界上第一台可放大100倍的顯微鏡，陸續發現原生動物、細菌、酵母、黴菌等微生物，被稱為「微生物學之父」。

經過近200多年的歲月，法國學者巴斯德（Pasteur）建立微生物的研究方法，明確地證明果汁轉變為葡萄酒，以及麥汁轉變為啤酒，是藉由酵母菌的生長與代謝而產生的。丹麥學者漢森（Hansen）分離出供釀酒發酵的釀酒酵母菌，這就是酒精發酵純粹培養的技術之始，如今我們買到的釀酒酵母也是在這樣的基礎下篩選、純化、擴大培養而來。

接著電子顯微也被發明出來，可細部觀察到微生物的內部構造，如圖可清楚了解酵母菌的細胞結構。陸續經由科學家們對微生物的代謝途徑與生長相關研究，已累積不少可供參考與反覆驗證的資料與文獻，發展出微生物學門，如此簡述承載400多年的研究發展，人類試圖想為不同微生物命名、探究其效／酵能。

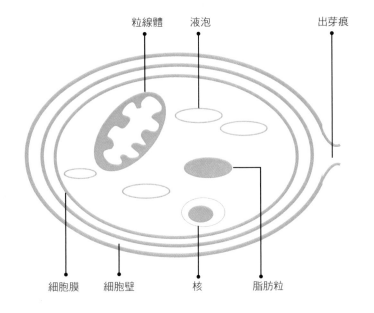

粒線體　　液泡　　　　　　　出芽痕

細胞膜　　細胞壁　　　　核　　脂肪粒

酵母菌的細胞結構圖

顯微鏡下的趣味—酵母的細胞構造

　　隨著電子顯微鏡的技術進步，酵母菌細胞的構造幾乎已經被解構完成。酵母菌由最外層的細胞壁（cell wall），內層的細胞膜（cell membrane）及細胞膜內所包圍的原生質（protoplasm）所構成。原生質則由蛋白質及核糖核酸所構成，其中包含有與遺傳及呼吸作用有關的核及粒線體（mitochondria），以及脂肪等之貯藏粒及液泡（vacuole）。隨著細胞的老熟，我們可以發現到液泡會越來越多。

若想觀察酵母菌，可直接將酵母溶解到糖水裡，吸一滴溶液在顯微鏡下。一開始會看到一顆顆的球狀，即為母細胞（mother cell），一段時間後，再取溶液觀察，會發現許多大球旁冒出小球，即為新生的子細胞（daughter cell），甚至結成一群一群的，這就是酵母菌的出芽生殖。此時我們將溶了酵母的糖水溶液拿來用肉眼觀察，液面已經有許多的泡沫出現，那就是二氧化碳，可用鼻子貼近聞看看是否已經有酒味了。此些現象即表示酵母已經開始生長，並開始進行所謂的酒精發酵。

微生物是一群單細胞的生物體，微生物雖然很小，卻具有完整的生命歷程，這也就是食材農作經由釀造與發酵，可以展現新的生命體的主要原因。微生物在適當的環境下生長速度極快，如20分鐘分裂一次，一天內就可分裂72次，要佈滿整個地球表面並非難事，從高空一萬公尺的大氣層，到海底4000公尺的深海，甚至鹽度高達30%的死海都有微生物存在，遍佈於不同氣壓與溫度中。

酵母菌的型態—可初步判斷酵母菌的菌種

酵母的形態相當多樣，即使是同菌種，也會因生長的環境條件而有所不同（如圖），但發酵增值後會趨於單一的樣貌。

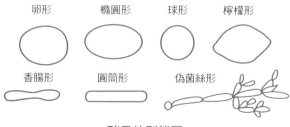

卵形　　橢圓形　　球形　　檸檬形

香腸形　　圓筒形　　偽菌絲形

酵母的型態圖

一般而言，啤酒酵母、清酒酵母、酒精酵母、麵包酵母……等，於釀造有利的酵母，幾乎都呈現卵形或球形，橢圓形者以葡萄酒酵母（saccharomyces ellipsoideus）為代表，其他形狀多屬有害菌，如釀酒時，產生不悅氣味的野生酵母（saccharomyces pasteurianus），則屬於香腸形。另一種於釀酒過程中常發現的產模酵母（film yeast），此類酵母對發酵食品的風味將造成極大影響，外觀上呈現偽菌絲的型態。

酵母菌的增值方式—藉由顯微鏡觀察可確認活性

大致上酵母菌多以出芽法增值（budding）來進行。

「出芽法增值」係指酵母表面長出小突起貌，隨後逐漸變大，原生質的部分於此時進入突起內，分成兩個細胞，原先的稱為母細胞（mother cell），新生的細胞成為子細胞（daughter cell），透過反覆出芽的方式，達到增殖的目標與任務。

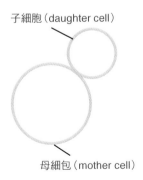

子細胞（daughter cell）

母細包（mother cell）

出芽法增值示意圖

微生物與發酵間關係緊密且奧秘，與發酵有關的微生物，粗略為黴菌（Mold）、酵母（Yeast）與細菌（Bacteria）。以釀酒而言，發酵過程，酵母菌在無氧的環境下，透過代謝作用，將糖分轉化成酒精，其特性為在適當環境中，可高效率運作、生長週期短，其體積小、表面相對較大，可以快速地與食材進行物質交換利用，完成新陳代謝作用，臻致釀酵工藝，發酵品與釀造物可謂是大自然的鬼斧神工。

與發酵有關的微生物，主要可分為真核微生物與原核微生物兩大類，其中與釀酒有關的酵母菌、甚至黴菌被歸納在真核微生物裡。

真核微生物

包含真核微生物裡的酵母菌（yeast）與黴菌（mold）。

原核微生物

原核微生物類的細菌（bacteria），包括醋酸菌（Acetobacter）與乳酸菌（Lactobacillaceae）。

更進一步觀察，其中酵母菌有各種不同的分類方式，以Lodder（1952）等人的分類方法中，將發酵有用的酵母分為子囊菌類的內孢酵母，與不完全菌類的的無孢子隱球酵母。於食品加工發酵上被利用最多的主角非內孢子酵母所屬大部分為Saccharomyces屬。請讀者參考表格，可了解各屬酵母菌在發酵上的應用與角色。

酵母菌分類圖

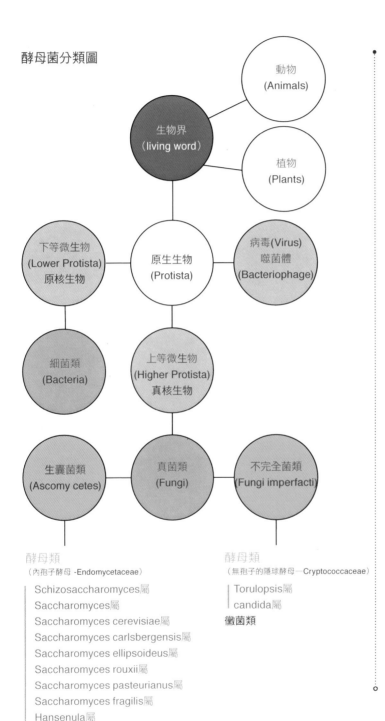

酵母類
(內孢子酵母 -Endomycetaceae)

Schizosaccharomyces屬
Saccharomyces屬
Saccharomyces cerevisiae屬
Saccharomyces carlsbergensis屬
Saccharomyces ellipsoideus屬
Saccharomyces rouxii屬
Saccharomyces pasteurianus屬
Saccharomyces fragilis屬
Hansenula屬
pichia屬
黴菌類

酵母類
(無孢子的隱球酵母—Cryptococcaceae)

Torulopsis屬
candida屬
黴菌類

關於微生物的命名部分，通常是屬名加種名，係由瑞典植物學家林奈所倡導的二命名法，如成橢圓形，由葡萄皮所分離出來，典型的葡萄酒酵母Saccharomyces（屬名）ellipsoideus（種名）。

食品發酵常見的酵母菌表

屬別	說明
Schizosaccharomyces屬	分離自非洲原主民所飲用的黍類啤酒,生長最適溫度為37度,較其他酵母的溫度高,代表菌種為Schizosaccharomyces pomb。
Saccharomyces屬	一般由糖生成酒精的能力強,可利用於各類釀造。
Saccharomyces cerevisiae屬	成球型或卵形,係由英國啤酒廠所分離出來,屬典型的上層酵母,應用於水果酒、穀類酒、酒精與麵包的發酵。
Saccharomyces carlsbergensis屬	成球型或卵形,屬下層酵母。為日德美釀造啤酒所用。
Saccharomyces ellipsoideus屬	成橢圓形,由葡萄皮所分離出來,是典型的葡萄酒酵母。
Saccharomyces rouxii屬	屬耐鹽性酵母,常見於醬油、味噌,可賦予發酵品獨特香味。
Saccharomyces pasteurianus屬	會使酒類帶有不悅或想遠離的氣味,屬有害菌。
Saccharomyces fragilis屬	具能發酵乳醣的特性,可由乳酒中取得。
Hansenula屬及pichia屬	為產膜酵母的代表。因其氧化作用較酒精發酵能力還強勢,會生成各種酯類、產生特殊香氣。但若在酒類中生成,將會分解、消耗酒精,屬有害菌,Hansenula anomala及pichia membranafaciens為代表。
Torulopsis屬	為隱球酵母的代表。型態為小型的球形或卵形,會導致啤酒混濁、葡萄酒黏稠敗壞、味噌與醬油腐敗的有害菌。
candida屬	外觀形偽菌絲,屬有害菌。

產膜酵母

Hansenula屬及pichia屬、candida
屬為所謂的產膜酵母（如圖），常在
發酵液表面形成薄膜。於有氧的環境
下，此類酵母能夠將酒精、甘油、有
機酸等發酵產物代謝成乙醛、醋酸、
乙酸乙酯等成分，若不控制其生長，
將造成酒精濃度的下降與酸度的改
變，進而影響品質。一般來說，降低
發酵的溫度與氧氣供給量，將有助於
抑制產膜酵母的生長。

發酵過程中觀察到的產膜酵母

　於發酵甕中常看到的產膜酵母，多在發酵液表面形成白色薄膜，於酒
的發酵甕出現時，俗稱酒花。在氧氣充足的有氧環境下，為白色且光滑
的連續薄膜；經過一段時間後，會變皺變厚，顏色漸漸轉為黑色。

　因產膜酵母所含的酵素，主要進行酒精的代謝及酯類的形成，促成熟
化的過程，所以風味（酯類形成）與口感（酸度）上會有所改變，在控
制條件下為有益的，超出控制範圍（非預期的形成）則有所影響，取決
於釀造者的需求。

酵母菌的特性—產氣

只要一提到酵母菌，多數朋友馬上會聯想到麵包或饅頭。從文獻記載可得知幾千年前就有做麵包饅頭的紀錄，只是當時不知道是酵母菌的關係。常聽長輩或麵包師傅說要先讓麵粉發一下，其實發這個動作就是酵母菌開始在作用（呼吸作用與發酵作用），酵母菌活化後，無論進行呼吸作用或發酵作用都會產生二氧化碳（如圖示），此氣體可將麵團撐起來變得蓬鬆，接著進入烤箱或蒸籠後即為大家熟悉的麵包與饅頭。

唯一不同的是，在空氣充足的狀態下，酵母菌所執行是「吃空氣吐空氣」的呼吸作用，沒有酒味。可是於厭氧環境的發酵甕中，酵母菌所執行的「吃糖吐酒精」的發酵作用，就會有酒味的產生。這也是為什麼做麵包或饅頭發酵時是在開放的狀態，而釀酒卻要在相對密閉環境的原因。

還記得前面提及的釀酒爆瓶經驗嗎？當我們在釀酒時，千萬不要用完全密閉的密封罐，或完全鎖緊蓋子，因釀酒過程中除了產生酒精，還有大量的二氧化碳氣體會釋出喔。

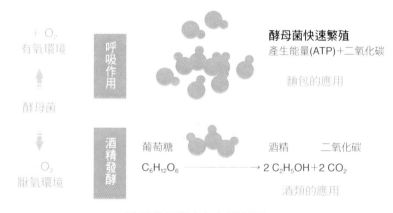

+O_2			**酵母菌快速繁殖**
有氧環境	呼吸作用		產生能量(ATP)+二氧化碳
			麵包的應用
酵母菌			
O_2	酒精發酵	葡萄糖	酒精　　二氧化碳
厭氧環境		$C_6H_{12}O_6 \longrightarrow 2\ C_2H_5OH + 2\ CO_2$	
			酒類的應用

酵母作用與有無氧關係圖

酵母菌在發酵食品的應用

　　酵母菌於各發酵食中扮演的角色，就是賦予香醇的味道，因為酵母菌會將原物料的糖經由代謝產生乙醇（酒精），醇與酸又可進一步行酯化作用產生香氣（酯類化合物）。

　　在各式原物料的發酵過程，各微生物可以單獨利用，像是麵包的發酵，酵母菌會在麵團中產生二氧化碳，當氣體越來越多，麵團會變大且鬆軟，而後進行烘焙，也可交互混和作用於各式的發酵食品，簡要例舉如下。

微生物種類與發酵品的關係表

	黴菌	酵母菌	細菌
米酒	⊕	⊕	⊕
果酒		⊕	⊕
醬油	⊕	⊕	⊕
食用醋	⊕	⊕	⊕
麵包		⊕	
醃漬品		⊕	⊕

　　於釀酒發酵的應用上，酵母菌除了負責產出大量酒精外，也承擔了酒體香氣好壞的責任。所以在科學知識發展後，有大量各式的酵母菌種被分離純化出來（即所謂的商業釀酒酵母），每種酵母對產出香氣（酯類化合物）的種類與能力（產出量）都各具特色。坊間可看到各式各樣的酵母菌，每種酵母於發酵的特性都清楚標示，進階的釀友們可分別試試看，同種原料，相同製程，會有不同的感受。

自然界中到處都充滿著酵母菌，果皮、空氣、土壤都有酵母菌可利用，如前述動物吃了會醉的果實，即阿嬤的釀酒法（自然發酵法），水果只要加糖密封發酵後就會有酒味，即是酵母菌無所不在的證明。就發酵品質與穩定度來說，筆者比較傾向利用選過的菌種（商業酵母），因自然的野生酵母不見得具有釀酒酵母的特性，且除了所需要的酵母菌外也存在著其他不同的菌種，酵母菌種的優勢就相對薄弱，容易出現酸味甚或其他喜好性較差的風味。

另外釀酒所需要的微生物，會因原物料不同，而有不同的微生物作用。像是水果中的主成分是酵母可利用的糖，僅需透過酵母菌的作用，發酵成酒；如原物料為穀物，則須先經黴菌的幫忙進行糖化過程，將穀物的澱粉轉化為小分子的糖，再經由酵母菌發酵成酒。

二、釀酵，意外的寶藏

發酵與釀造，沒有邊際、跨國越界、橫亙歷史，甚至有挑動跨國舌尖、引起世界浪潮的魔力。

曾四度獲得排名世界第一、位居哥本哈根的Noma餐廳主廚Rene Redzepi提到自己如何將發酵入菜，挖掘寶藏；江振誠的Restaurant ANDRÉ，入選「全球最佳50大餐廳」第三名，也提到發酵在其料理中擔任重要的角色：「補足缺口與提升完美料理的境界。」江主廚善用發酵的原理與特色，製作不少款發酵飲佐餐；橫亙歷史來看，古羅馬人喜愛的「蜂蜜水果冰」，也是屬於發酵的氣泡飲，《發酵聖經》作者Sandor Ellix Katz大讚此款發酵飲遠勝於市面上的碳酸飲料，發酵與釀

造不是新穎的手法，而是悠遠的生活經驗，這些經驗是來自於人與大自然相處共存與邂逅的默契，彼此心有靈犀。

在工業科技尚未成熟的年代，人們往往都是勉強自給自足，偶有的豐收相對珍貴，遇到豐收時，自然想珍藏與延長食物的保存期限，或者賦予食品特殊風味。有時則是「意料之外」帶來彌足珍貴的新發現，食材農作抓取空氣中的菌，微生物落在食材上，再次耕作栽種，食材農作成為沃土，成為微生物的重要介質，賦予人們不同的五種官感，外觀色澤、香氛、滋味，以及發酵熱烈的聲響。人們因此樂於品嚐發酵與釀造的豐富世界，並將這樣的智慧經驗傳承下來。這也是最悠遠保存食物的科技，在沒有冰箱之前，釀造是保存食材的重要技藝，在新鮮與腐敗之間取得平衡的一門科學。

釀酵品玲瑯滿目，同樣都是經過釀造與發酵的歷程，為何會有如此豐富的釀酵品，風味又各自鮮明呢？主要是因為不同的微生物在不同的生長環境下，分解不同食材的成果。因此，如果我們想釀出自己的風味，可以進一步地熟稔這些多元微生物的發酵原理，營造建構適合微生物生長的友善環境，藉由微生物個別的特性、發揮其魔力，創造食材農作不同的生命體，經過時間與風土的過程，更加厚實，體現酯（鮮）味。

釀造與發酵品，親如自家人，遠行時帶著食憶的珍品；近至巷口的餐廳，遠至位居哥本哈根的Noma餐廳主廚Rene Redzepi說：「我們幾乎每一道菜裡都有發酵，它影響一些細節和調味，而我們自認只掌握了些許皮毛，還有很多寶藏等待我們去挖掘。」

寶藏，是的，我們在每次釀造過程中，都尋獲驚喜、豐富與珍貴的寶藏，一起挖掘釀造與發酵的世界吧！

一、釀酒與人類文明發展的關係

　　人類之於釀酒的發展，會因各地風土（terroir）而有不同。風土條件除了各地域氣候、土壤、地理與環境的獨有性外，亦添豐人類的文明、信仰與歷史發展（農業、大航海到全球化）一同發酵。

　　歷史學者宮崎正勝認為：「酒」被視為神秘大自然運作下的釀造產物，更準確地說也是一種「農業」，人類透過飲食感受與經驗，理解大自然給予特殊豐味，得以巧妙的掌控與豢養。在太平洋另一端的Amy Stewart（已創作多部自然界專文的專欄作家，著有《醉人植物博覽會》），認為最早被人類馴養的微生物是酵母菌。

　　從巨觀的歷史來看，酒的出現在於人類前，人類開始釀酒，即宣告從採集與狩獵時期，進入農業與聚落／都市出現的時期，各地的土壤肥沃程度、風、濕度與水源等風土條件不同，造就了各樣釀酒原物料與飲食喜好，發展出各自精彩的精湛藝術。

純釀果實與穀類的濫觴

說到釀造酒的水果，大多會直接想到葡萄。葡萄在五千萬年前已經遍現在亞洲、歐洲與美洲，約莫兩百五十萬年前的冰河期，致使葡萄種類數驟降，而葡萄酒是如何被人類發現的呢？根據相關資料，約莫人類開始使用陶器時期，就將葡萄儲存於陶製容器中，偶有破碎，因當時沒有使用農藥，葡萄生長的環境充滿各樣微生物，表面有果粉以及野生酵母菌，因而促成葡萄酒的釀造，過往臺灣農業社會時，阿嬤的釀酒法即是如此成酒。

釀酒歷史上，除了葡萄，椰子與蜂蜜也載錄於不同文明發展中，主因是三者都算是含糖量較高的素材。其中，蜂蜜酒在中世紀的日耳曼社會，被視為具有滋補作用的酒液，夫妻在新婚第一個月不可外出，需要居家享用蜂蜜酒，以求得繁衍，為「蜜月」（honey moon）的由來。據說椰子酒撫慰長途奔波的馬可波羅（Marco Polo），在其《東方見聞錄》中多次提到這款熱帶、亞熱帶的特產酒品，他是這般描述「此酒喝來的確美味，可治腹脹、咳病、脾臟病」，但當時他飲用的椰子酒，酒精度較低，三至四天就腐敗，需要趁鮮飲用。鮮釀即飲的酒不單是椰子酒，墨西哥釀造的pulque（Tequila的前身），係以植物龍舌蘭（Agave）發酵成酒，在尚未有研發蒸餾技術與冰箱科技的年代，風味僅能保存一週左右。

我們熟悉的啤酒與米酒，其釀造糧材為穀類。對於啤酒略有研究的朋友，應對「啤酒是液體麵包」的說法不陌生，根據相關資料，可獲知啤酒誕生於美索不達米亞與埃及區域，當時的啤酒呈現黏稠狀，是咀嚼麵包所釀成的，由女性負責釀造，選材包括大麥、小麥與混合穀物，據說

可釀出超過20種的啤酒，象徵敬神、洗滌與除穢，漢摩拉比法典還特別為此訂定相關法令，略窺得當時女性經營酒館的輪廓。

大航海時期，人與農糧種籽遷徙、交流與適應，適合種植在歐洲的釀酒葡萄，不一定適合移植到美洲，因而美洲發展出以蘋果與玉米釀造的酒。人類記載蘋果釀酒的時間，約莫在西元前55年左右，羅馬人侵略英格蘭時，即發現當地人已會享受蘋果酒，被稱為西打酒（Cider），北美地區對於蘋果酒有不同的稱呼，因其通常習慣將未過濾的蘋果汁，加入肉桂棒溫熱飲用，稱為「蘋果西打」（Apple Cider），含有酒精的蘋果液體，稱為硬西打（Hard Cider）。

風土賦予發酵的面貌──釀製原料的差異

歐洲的葡萄不適合栽於美洲的風土，但馬鈴薯適合培種於北歐諸國，成為「餐桌革命」的要角，一解北歐飢荒的困境，瑞典、丹麥與挪威等國，取用馬鈴薯發酵成「阿誇維特酒」（Aquavit, Akvavit），字義源於拉丁文「生命之水」（aqua vitae）。玉米釀酒的部分，美國的波本威士忌（Bourbon Whiskey）就是以至少含有51%的玉米，製成的威士忌酒品；奇恰酒／吉查酒（Chicha）則是中南美洲特有的玉米酒，相傳始於印加帝國，當時係使用女性咀嚼過吐出的玉蜀黍發酵產酒。

相較於歐美地區，亞洲又以米的純釀酒著名，像是紹興黃酒、小米酒、純釀米酒與清酒等。中國周朝時期，酒是予皇帝用於祭天，建立與鞏固王室及各諸侯的權威，設置六個官府，以天官為首，掌司酒的釀造與管理，多由女性釀造。在日本鎌倉時代，釀酒技術始於寺院，在十六

世紀初的歐洲，釀酒事業逐漸由教堂事業轉為私人經營，因為釀酒有技術的門檻與資金的需求，當時多掌控在貴族的手裡。

清酒依照米的精緻程度，大致分為大吟釀與吟釀。釀造清酒的原物料為酒米，而非糙米或者食用的米，因風土不同，經日本酒服務研究協會・酒匠研究會聯合會（Sake Service Institute，SSI）彙整資料顯示，在日本有至少190款以上的清酒，與沖繩泡盛的製作方式不同，泡盛是選用泰國米，釀造後再蒸餾而得，是日本在地少數不是選用日本在地酒米的酒品。

游牧草原的民族，就近取得馬乳釀酒，用以補充營養、慶祝節慶的重要食糧，是少數未商業化遍佈各地的酒品，若好奇馬乳酒的滋味，或許可以嘗嘗可爾必思，因三島海雲在25歲時，造訪中國內蒙古，以當地的馬乳酒為基礎，於1919年研發出的飲料。

●● ●

釀酒者：風土與在地農作的酵念

酒，與人類的文明發展有關，宣示農耕栽培時代來臨，同時，也與敬神與信仰有關，像是葡萄酒象徵著耶穌的重生。如臺灣民間信仰，酒也出現在神明桌上，以酒樽敬神，以酒祭祀的儀式至今仍存。

臺灣釀酒的原物料，多與穀物有關，像是小米酒與米酒（純釀與蒸餾）；常見的果酒則為「阿嬤釀酒法」的葡萄酒或紅肉李酒等，多與節慶慶祝有關，其中原住民更視釀酒為神聖的大事，並非所有人都可以擔任釀酒者。

窺探歷史可略知：過去的人們要取得酒，不像現在這麼容易，釀酒技術對於一般常民而言，是個難以捉摸的微生物規則，在過往有較高的技術與資金的門檻，不少國家的政府將酒品的製造與銷售作為財稅收入，原本酒的產銷與管理部分，都係經由公賣系統運作，嚴禁個人私釀，根據社會發展學者夏曉鵑在其《失神的酒：以酒為鑑初探原住民社會資本主義化過程》研究提及：「以公賣制度禁止原住民釀酒後，酒由『公』領域轉化成『私』領域，由儀式、社群的媒介轉化成商品，也逐漸由鞏固集體的催化劑，轉化成部落解體的推手。」

我國禁止私釀酒的規定，在簽署WTO之後，轉而開放進口以及允許個人釀造製酒。而今臺灣處在貿易頻繁的洪流中，看似有許多選擇，相對於其他國家，我們似乎還有多樣創造得天獨厚的果酒姿態（臺灣被稱為「水果王國」），以及嘗試用臺灣農民栽植的稻米釀酒（秈稻與梗米各自精彩），品味用在地原物農作與水、風土的釀酵風味。

政府雖然開放民間私釀，但切記只限於私用，不能販售，且私釀的量也有限制，成品與半成品合計不能超過100公升。如果真的想將釀造的酒於市面上與朋友分享，必須向中央主管機關提出申請，在環境合格的條件下，取得許可執照才可營業販售，否則可處新台幣三萬以上五十萬以下的罰鍰，且將可能面臨刑法的制裁。

二、釀造酒的簡要科普概念

●● ●

糖度控制應適當──太多太少都變醋

「一斤水果，四兩糖」、「一層水果、一層糖」是釀水果酒的順口溜，在臺灣又被稱為「阿嬤的釀酒法」，也就是自然發酵法，釀造的眉角各家不同，偶爾相互交流、互通有無，往往都不太清楚「為什麼要這麼做」，只能跟隨釀酒成功者的手路走，一個環節都不能「漏溝」，有朋友分享到他們家的「眉角」是不能多問、多看、多打開，因為這樣多事，可能會觸怒司釀的神靈，導致釀酒不成，反成了醋，又或者其他非預期的風味。

酒的起源眾說紛紜，其中廣為人知的故事：「猴子吃大量落果後，開始搖頭晃腦，發現的人也拾起品嚐，才發現有別於果實原本的滋味，是酒被發現的起始」，猴子所食的果實糖分，已經被空氣中的酵母菌分解產生酒精，這樣的現象即體現「酵母吃糖變酒精」的釀果酒原則。

其實生活中我們也常有這樣的經驗，吃不完的水果放冰箱太久後，拿出來吃一口會跟猴子一樣感受到酒的滋味，但大家有發現嗎？除了酒味之外，是否還帶點酸酸的感覺，是的！其實這是因為酒精濃度不夠高，空氣中的醋酸菌開始作用，將酒精產生醋酸而來。

這兩個故事皆陳述產酒的過程，不同的是「阿嬤的釀酒法」有再額外補糖，補糖的多寡成了變酒或醋的關鍵因素之一，就科學領域而言，

1860年法國學者巴斯德（louis Pasteur,1822-1895）認為此反應是因為酵母菌的作用。人們透過與大自然發酵的經驗發現，水果本身發酵的酒濃度不夠，進而嘗試不同方法，發現將水果（通常是葡萄或是紅肉李）與糖相互堆疊的釀造法可以提升酒的醇厚度，這樣的經驗口耳相傳，成了市井間的口傳釀酒法。

這樣的口傳釀酒法，無法保佑次次都可以喝到預期中的酒，因為空氣中有許多微生物，不單一種酵母菌，若是醋酸菌落到釀造的酒甕中，酒甕就成了醋甕，若轉變為不熟悉或嚇人的面貌或氣味，就浪費農作食材，相當可惜。

有關補糖，不同的食材原料有不同的特性，水果們不一定都適合「一層水果、一層糖」，曾有位朋友以「一層小番茄、一層糖」的方式釀酒，結果非但沒有酒味，還變得黏稠糊狀，比較像是糖漬番茄。

發酵與腐敗一線之隔

發酵與腐敗都是原物料經由微生物的代謝產物改變食材風味所呈現的結果，差別在作用微生物種類的不同，但發酵機制卻是相同的，很難從科學的角度來說明差異。

教學過程中常會收到各式的發酵品，第一個動作就是拿起來聞，當氣味不符合那種發酵品的經驗值，且外加一些令我想推開的氣味時，當下就會說感謝分享，這個壞掉了，也就是我們說的腐敗。有次在宜蘭教學時，有個朋友拿了兩盤豆豉，想確認是否已敗壞，當時就用了這樣的

方式判斷出其中一盤是黴菌在上面作用產生霉味，即發霉腐敗了，另一盤也是黴菌在上面作用，但味道極好，即發酵成功。

世界各地都有屬於自己傳統的發酵食，多數利用存在當地風土的微生物對當地的食材進行發酵製成，可是同一種發酵食對不同人來說卻有不同的感受。歐美喜歡的發黴起司我們可能認為腐敗了，臺灣有名的臭豆腐我們覺得很香，可是對外國朋友來說卻是要捏鼻子。日本有名的健康食品納豆，很多人不敢吃，說是有阿摩尼亞的味道，其實納豆菌和腐敗菌中的枯草桿菌屬同一類，但結果卻是天壤之別。

其實許多被歸類為腐敗菌的微生物都會產生甲烷等氣體，讓人感到不舒服，自然被我們拒絕於外，這也是一種飲食的防衛機制。以釀酒的角度而言，如果釀出來的酒有醋的味道，那也可被定義為腐敗。

優勢菌種（predominant flora）

即在發酵過程中，數量及生長條件較為優勢的微生物菌群，其於代謝的過程將產生一些副產物，進而抑制腐敗菌或病原菌的生長。

選擇正確發酵菌種成為優勢菌

　　食物釀造環境中存在著多樣的微生物，就特性而言，可區分為有利的微生物與有害的微生物。為了能安心輕鬆地做出屬於自己的釀酵風味，必須了解如何促進有利的微生物大量繁殖，使發酵環境中有利的微生物形成優勢菌種（predominant flora），進而避免有害微生物的生長。當我們對微生物的特性具有基本認識，試著與微生物和平共處，營造建構友善微生物的釀造環境，就容易獲得我們所預期的釀酵品。

　　發酵食品可以長期保存的原因，主要因為會產酸、產酒精、殺菌素與接種菌元，以及高糖、高鹽、低水分的條件等因素簡説如下：

1. 產酸：如乳酸發酵產生乳酸，降低pH值。
2. 產酒精：如酒精發酵產生酒精，對微生物細胞造成傷害。
3. 產生殺菌素（bacteriocins）：乳酸菌會產生殺菌素，破壞其他微生物的細胞壁，造成滲透性裂解。
4. 接種菌元：接種菌元形成有益微生物的菌種優勢，進而抑制其他微生物生長。
5. 高糖、高鹽、低水分、低溫度：這些條件也都會抑制微生物的生長。

　　如此多個抑制因子的搭配，造成其他非預期結果的微生物生長困難，進而賦予食品的穩定與安全的效果，稱為柵欄效應（hurdle effect）。

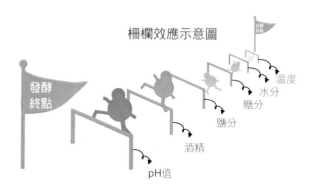

柵欄效應示意圖

發酵終點　pH值　酒精　鹽分　糖分　水分　溫度

酵母菌吃糖變酒精的代謝機轉

　　釀造酒，屬於酒精發酵製品─主要藉由酵母菌的代謝作用所行之生物化學變化。一般指的是利用釀酒酵母菌（Saccharomyces屬），在兼性厭氧（非完全厭氧）下發酵醣類，促使其分解成酒精及二氧化碳，製得1%乙醇含量以上的酒類飲料。

　　從阿嬤的釀酒法與醉猴的故事，可略推論而知「酵母吃糖變酒精」，但糖的量與酒精濃度的關係為何呢？就理論而言，酵母菌對糖的代謝可產生酒精的收率約51.1%，也就是說100g的葡萄糖可生成51.1g之酒精，但一般發酵轉化率約90%左右，部分的糖為酵母細胞生長繁殖及細胞修復所消耗，一部分經生化反應轉換成甘油、醋酸、琥珀酸、乙醛、脂類、高級醇等副產物和香味成分，對酒的成品具有微妙的貢獻。

　　代謝是微生物維持生命的重要生化反應。

•┤ 酒 藏 釀 知 ├••••

糖轉化酒精簡表

$$C_6H_{12}O_6 \xrightarrow{\text{yeast（酵母）}} 2C_2H_5OH + 2CO_2$$

葡萄糖　　　　　　　　　　酒精　　　二氧化碳

glucose（180）　　　ethanol（2×46）

C_2H_5OH收率＝×100%＝51.1%

一種為同化代謝（合成作用）：吸收能量，將小分子的有機物合成較大分子的有機物；

　　一種為異化代謝（分解反應─糖類的分解、蛋白質分解、脂肪分解）：釋放能量，將大分子有機物分解為小分子有機物。

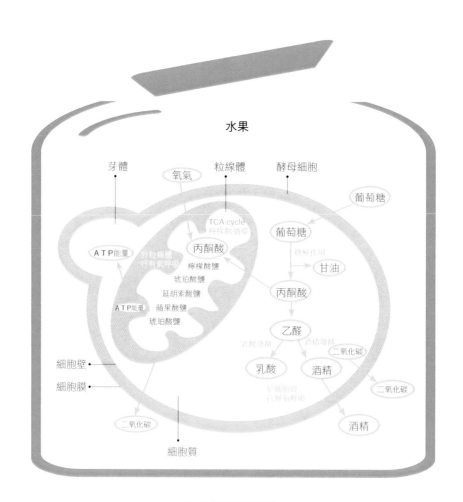

酵母代謝機轉圖

而所謂的釀酒發酵學，即選用適當的微生物（酵母菌與麴菌），進行糖質的分解反應（糖解反應），在無氧的環境下，於細胞質行無氧呼吸，分解成丙酮酸，當丙酮酸在無足夠氧存在的環境下，無法進入粒線體行有氧呼吸（檸檬酸循環反應，TCA cycle），即停留在細胞質中進行酒精發酵，將丙酮酸轉換成酒精。

　$C_6H_{12}O_6$ ----------> $2C_2H_5OH＋2CO_2$為水果發酵成酒的酒化轉換公式，然而純釀的酒還有小米酒與啤酒，在酒化之前，得先有糖化的過程，酵母才能吃糖變酒精，相關介紹於「穀酒」的章節再細述緩陳。

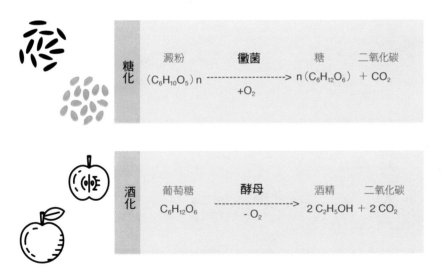

糖化

澱粉　　　　　黴菌　　　　糖　　二氧化碳
$(C_6H_{10}O_5)n$ --------------------> $n(C_6H_{12}O_6)＋CO_2$
　　　$+O_2$

酒化

葡萄糖　　　　酵母　　　　酒精　　二氧化碳
$C_6H_{12}O_6$ --------------------> $2C_2H_5OH＋2CO_2$
　　　$-O_2$

酒化與糖化公式圖

釀製酒，是以糖質或澱粉質為原料，利用酒母進行酒精發酵，一般釀製酒的酒精濃度較低（通常低於20%）。屬於此類的酒可分為單式發酵酒與複式發酵酒。

分類名稱	說明		常見的酒
單式發酵酒	單式發酵是將含糖的原料，經酵母作用，發酵而釀成的酒。		水果酒與乳製品酒類
複式發酵酒	熟化澱粉經由酵素轉變為可發酵的糖（主要是葡萄糖），酵母菌再利用分解這些產物生長繁殖，並於嫌氣狀態下將葡萄糖發酵產生酒精。由於糖化與發酵同時進行，因而發酵醪之酒精濃度可大為提高，使最後酒精度達20%。	a.單行複式發酵酒：先糖化後再發酵。	啤酒
		b.並行複式發酵酒：糖化及發酵同時進行。	紹興酒、日本清酒、黃酒與小米酒

單式發酵酒：葡萄酒、荔枝酒、蜂蜜酒等水果酒。

單行複式發酵酒：如啤酒。

並行複式發酵酒：甜酒釀、米酒、清酒。

三、釀酵的簡單工具

　　祖厝讓人有親切感，莫過於紅磚築起的灶咖，若壁櫃上還有幾甕紅蓋玻璃瓶的釀漬品，即是不少人酵念的滋味。這樣的場景，對多數人不陌生，家裡總有幾個玻璃瓶，傳統的櫻桃瓶，又或者是特殊設計的玻璃瓶等。常有朋友問起：「釀造是不是需要很多複雜的工具？」我們的初衷是期待每個人都能釀出家的味道與故事，聚焦在居家釀造，本書主要著重在發酵，其中對於果酒與米酒的發酵著墨較多，是因為兩者需要的釀造器具，大多都是家中的器皿即可成，不需要過多複雜的溫控設備等，因而書中對於啤酒部分，未多加著墨。

玻璃瓶：入料、觀察與兼性厭氧

　　「只需要一個適合釀酵品作用的環境，就可以了，通常我們就是用櫻桃瓶開始做釀造。」這麼多種玻璃瓶，為何要選擇櫻桃瓶呢？

廣口設計，便於入料

　　廣口的設計，能輕鬆將水果、蔬菜或者穀物等釀酵原料置入，加入液體也很容易。釀酵過程尚消視情況與其互動，廣口設計方便攪拌或聞香、感受釀酵過程的變化。另外，釀酵環境應保持乾淨，廣口設計同樣利於清洗消毒。

透明瓶身，便於觀察

　　發酵的初期，釀造瓶內可能會產生氣泡激盪或緩升的畫面，經由微生

物作用，彼此重組、定義風味。釀酵過程的樂趣之一，就在於觀察，透明玻璃罐的設計，讓發酵過程如實呈現，能時時看到我們投注的食材農作如何與微生物起釀伏酵。另外，因為便於觀察，要再使用同個容器釀造時，可以清楚看到是否有髒污，得以有效清潔與消毒，清除殘留的氣味也更容易。

不密合牙口，符合兼性厭氧環境

釀酒的主要微生物酵母菌，能同時使用兩種代謝系統（有氧呼吸及發酵）來獲取能量，維持生長進行發酵，屬於兼性厭氧的微生物，若能提供適當環境，對於各式美味酒的形成，成功機率將大為增加。

從前文可略知釀酵過程會產氣，若是完全地密封瓶罐，很有可能會爆瓶。有個宜蘭朋友曾跟我們說過「發酵噴泉」的故事：她將發酵液放置於密封的瓶罐中，一打開，酒液就像噴泉一樣，滿屋酒香。

櫻桃瓶為螺旋式的旋轉瓶蓋，在沒有發酵閥的時候，很容易藉由旋轉的力道來控制蓋子緊密程度，通常都會旋緊後再反方向轉一點來營造兼性厭氧的環境，也確保能釀酵平安。

微生物生長與氧氣的關係

高等生物為了獲取能量，都需在有氧的環境下進行呼吸作用，但對於微生物而言，並非必須，甚至有氧的狀態反而會對微生物造成傷害。

下圖為在含有充分養分的培養基上培養各種微生物的情形，黑點表示微生物。

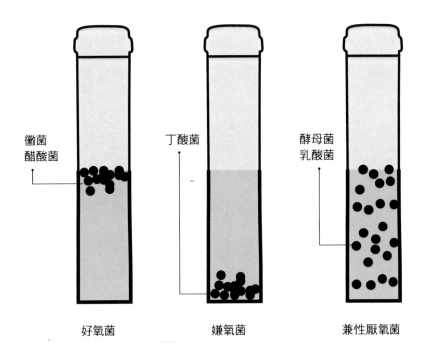

黴菌
醋酸菌

丁酸菌

酵母菌
乳酸菌

好氧菌　　　　　　嫌氧菌　　　　　　兼性厭氧菌

黴菌和醋酸菌

被歸納為好氧菌（aerobe），僅在與空氣接觸的部分生長，主要是利用
氧行呼吸作用或氧化代謝來獲取能量。

丁酸菌

只在容器的底部生長，被歸納為嫌棄菌（anaerobe）。

酵母菌與乳酸菌

不論有氧或無氧都能生長，被歸納為兼性嫌棄菌（facultative
anaerobe），能使用兩種代謝系統來獲取能量。

當我們了解此些狀況時，就可理解為何發酵過程中，有些發酵需要開蓋，有些發酵則需密閉。

釀醋

是透過醋酸菌的發酵，所以過程中需開蓋或打入氣體來加速醋的產生。

釀米酒

前期需開蓋（不密閉），是因麴菌生長需要氧氣，以便獲得釀酒所需的酵素。

釀果酒

主要發酵期間需進行攪拌的動作，此時即可營造兼性厭氧的環境，有幫助酵母菌生長的作用。

釀味噌或醬油

表面常會生長產膜酵母或黴菌屬於好氧菌，必須透過壓重物或蓋保鮮膜的方式來減少氧氣進行抑制。

量度、記錄、標示與編碼的工具

若想要嘗試不同的釀酵配方，又或者一次想釀酵不同的水果酒等，若瓶罐與釀酵品的外觀都大同小異，建議可記錄、標示與編碼。

需準備量秤，用來測量釀酵的原料，像是水果、糖、飲用水等量，即能明確地依照配方或比例投入釀酵瓶甕中，如果想進一步嘗試其他配方，也有參考的依據以及比較的基準。

另外可準備一個小冊子作為釀酵記錄本，用淺色紙膠帶標註釀酵品名，或者為一樣的釀酵品名編碼，便於釀酵收成後，一一比對，依據我們的經驗，建議記錄名目類別如下圖，可依需求喜好增減。

建議記錄名目類別圖

大人的釀酒表

釀造日期

水果／品種： 　　　　酵母菌種：

發酵條件	發酵結果		

糖度： 　酸度： 　成品容量：

原料

	果膠酵素	偏亞硫酸鉀	調糖

果重

品牌

糖度

加糖

水量

體積

pH值

糖度

糖度控制

時間

比重

（發酵前／後）

| | | | 調酸 |

Ph值

溫度

家釀省略

加酸

環境溫度

酸度

| | | | 酒精度 |

消毒與清潔

釀造是經營微生物共舞的遊戲，致力提供適於釀酒酵母可發揮完整作用的環境，清潔與消毒是成敗的關鍵，甚至可說是王道！所有的容器、器具都需先進行清潔，而後消毒。消毒方式可利用熱消毒，或選用75%酒精，針對發酵過程中將使用的所有環境與器具，進行消毒。

釀酵的工具可以簡單，也可以多樣，有時得視釀酵的需求，與個人的需要而定，以上簡單介紹釀酵工具，但還是得視預期的釀酵品，以及培養的期程來選擇。

試著選用適當的工具與原物料，營造適合發酵的環境，可以從簡單的釀酵食材農作與工具開始連結，就像是《發酵聖經》所言：「發酵，能將人類與真正的食物、周遭的自然連結。」

chapter 2

純釀果酒樂園的嘉年華

於前章，我們約略可以了解到，酒的發酵關鍵包括—微生物（酵母菌與麴菌）：營造有利微生物的優勢環境；糖：控制適當的糖量，避免釀酒變釀醋；以及適當的環境：營造一個兼性厭氧的環境，以利微生物進行代謝活動，產出我們想要的酒精。

聊到釀酒時，家中長輩有釀酒經驗的朋友開始侃侃而談。有人說：「我看過阿嬤釀酒很簡單，只要將水果洗乾淨，晾乾，然後加入很多的糖，就是一層糖一層水果的方式堆疊，接著密封起來就不用管它，約半年後就可以喝了，而且甜甜的好好喝！」另位朋友說：「我有用過這樣的方式釀酒，經過一段時間之後打開來聞很香，但喝起來怎麼沒有酒味而且酸酸的？為什麼會這樣？有特別的配方嗎？」另個原住民的朋友說：「我們想要保留部落的釀酒文化，手上有些耆老口述與影像紀錄及配方，但跟著做酒麴，有的成功，有的發不出酒，且味道也不太一樣，究竟要如何營造適合發酵的環境？」

這中間到底有什麼奧秘？是否有機會釀出以往家釀的味道？此章將說明會影響釀酒過程的變因，一一了解每個變因對酒的影響，帶大家一同參與釀酒樂園的嘉年華。

阿嬤釀酒法與科學釀酒法的差異

上述釀酒方式即為所謂的自然發酵法（俗稱阿嬤釀酒法）。因為所有水果均含有天然酵母，且水果本身含有糖分，我們也知道酵母菌在無氧的環境下會執行發酵作用，走糖解作用，將糖轉變成丙酮酸，進一步得到酒精。所以阿嬤們只要將原料清洗乾淨，加入糖，入甕堆疊至甕的

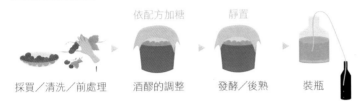

自然發酵法（阿嬤的釀酒法）

依配方加糖　　靜置

採買／清洗／前處理　　酒醪的調整　　發酵／後熟　　裝瓶

科學釀酒法

酵母
調糖
調酸
溫度

照顧　　轉桶過濾

採買／清洗／前處理　　酒醪的調整　　發酵　　後熟　　裝瓶

原料選擇　　營造適當環境　　發酵的精華　　後熟的滋味

八分滿左右，緊接著封蓋，經由時間的作用即可得到釀製酒。其主要步驟為（如圖）：原料清洗→加糖→入甕發酵／後熟→裝瓶，過程中也僅有靜置等待時間，無須特別的照顧。整個過程相當簡單且快速，也是目前許多人的釀酒方式。

　　阿嬤的釀酒法，快速、簡單、有趣，我們有時也會用這樣的方式來玩，偶有佳作，但需運氣的加持。但以此方法釀製的酒，普遍來說酒精度不高，每次品質都不太相同，想再來一杯也沒辦法了。建議此種釀酒法需在低溫下（冬天）進行，最好能購買純菌種或自行培養菌株，添加到酒醪中發酵，產品品質才能較為均一。

初次釀造的朋友，建議可先從葡萄開始，釀製自己的第一甕酒。因葡萄果汁含有葡萄糖及果糖，且偏酸（臺灣農業改良技術精湛，水果皆有偏甜的現象），並且含足量之酒石酸（為成熟葡萄中主要的有機酸），可防止大多數細菌的繁殖、抑制雜菌，較容易成功。

純釀果酒變醋的嘉年華

避免酒變醋的阿嬤釀酒法

傳統阿嬤釀酒法進階版　糖量適當、優勢菌種、低溫進行

一斤(600 g)　二兩糖(75g)

SUGAR

釀酒酵母添加

一斤（600g）水果　四兩糖(150g)＞25°Brix

多出原本水果內約10°Brix　太甜影響發酵

建議調整

一斤（600g）水果　二兩糖(75g)＞25°Brix

阿嬤釀酒法進階版建議圖

當開開心心地釀了一甕酒，經過時間的等待，開封時極為興奮，但喝了一口後，心情卻掉到谷底，為什麼是酸的！以釀酒的標準角度，此現象即為腐敗。因參與作用的主力微生物不對：由酵母菌變成醋酸菌；預期的風味也不對，酒味變醋味，如第一章所述，發酵與腐敗一線之隔—差異來自於微生物的特性。

醸酒者最害怕的醋酸菌（Acetobacter）為好氧菌，需要氧氣才能生長，當生長條件相當優渥時，這些菌可在幾個夜晚，將酒轉成醋。

多數時間，醋酸菌主要利用酒精作為生長醋酸的能源，有時也會利用糖甚至乳酸當作材料。

還記得第一章所述之「酵母代謝機轉圖」（P44）嗎？酒精、乳酸在發酵的過程都會產生，糖也大量的存在於發酵甕中，剛剛好是醸醋很好的溫床。

我們知道「一層水果一層糖」的阿嬤醸酒法，過程中要加糖，加糖量還有個口令「一斤水果，四兩糖」，但這樣的糖量，以現今對醸酒知識的認知，已經超過太多，符合糖度控制應適當—太多太少都變醋的條件，因高糖度會對酵母的生長造成抑制，降低發酵速度，容易創造一個長時間維持低濃度酒精的環境。此時醋酸菌就找到機會，開始侵占地盤，將酒轉醋。

所以只要將口令改一下：將一斤水果，四兩糖改為一斤水果，二兩糖，也就是600g的水果加入75g的糖，就可讓酒轉醋的機會降低。

如果能夠加入商業的醸酒酵母，或自己大量培養的酵母菌株，創造酵母菌為優勢菌種的環境，醸酒的成功率將大為提升。因為野生酵母的類菌種不易控制，醸造過程中往往無法確定是哪種酵母在作用，又或者酵母不具有醸酒的特性，都是影響的因素。

釀酒品質的關鍵

　　從前圖中可看到，現今的釀酒法可分為五個主要步驟：原料清洗、酒醪的調整、發酵過程的照顧、轉桶後熟、裝瓶。

　　從步驟上看，感覺好像只多了轉桶過濾的動作，但仔細一看卻多了一些細節，像是酵母的選擇、調糖、調酸、溫度的控制、發酵過程的照顧、轉桶過濾、後熟等待，甚至商業上或專業釀酒人還會藉由許多的添加物來達到不同的目的，而這些細節就是釀酒品質與穩定度的關鍵了。

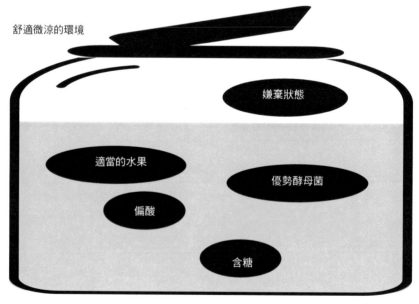

舒適微涼的環境

嫌棄狀態

適當的水果

優勢酵母菌

偏酸

含糖

友善酵母環境示意圖

簡單而言，純釀造果酒的樂園，需要穩定酵母的品質，提供偏酸、含糖、微涼、兼性厭氧、抑制雜菌的環境，讓釀酒酵母可以淋漓發揮玩釀的魔法，取得純釀果酒嘉年華的入場券。

我們撰寫本書的期待，希望讓對於釀酒有興趣的朋友，藉由閱讀本書，先了解釀酒原理，以及選果原則後，可以在喜好與適合釀酒條件的水果間，進行評估衡量，選擇想要釀酒的水果。

緊接著我們一起看看各個釀酒品質的關鍵，而這些關鍵分別對釀酒過程有什麼影響。

第一節

純釀果酒樂園的入場券—原料選擇

　　早期使用自然發酵法容易成功，是因為在慣行農法之前，皆為不施用農藥的友善生態耕種農法，所以水果果皮常附著野生酵母及他種微生物，僅須利用果實表面存在的微生物，即可進行發酵。目前我們也清楚發酵過程中，微生物生長的好壞是發酵成功的關鍵，所以，如果可以，盡量選用友善耕種的原物料，除了支持友善生態的農民朋友外，也可大大提高發酵成功的機率。

　　釀造水果酒時，必須掌握水果特性，使水果的釀酒品質與經濟效益發揮到極致。除了常用葡萄外，還有很多水果都可以釀出美味的酒；如櫻桃、李子、番石榴、荔枝、龍眼、梅子、鳳梨、火龍果等，均可釀製為具有特色的水果酒。可以單獨釀造，也可與不同水果相互搭配，取長補短。釀造前，針對水果原料的特點，找出適當的釀造方式，即可使各種水果的風味特色完美表現。

　　純釀發酵果酒會因水果條件而有所不同—不同品種、成熟度與栽培地區，而有差異，水果原料對酒的品質有著直接影響，有哪些指標可以評估此水果較彼果實更適合釀酒呢？

一、選果原則—榨汁率、熟香與風味、色澤，以及糖度

選果原則與糖度參考表

水分多
（提高榨汁率）
容易榨汁 提高酒液的
生產率

含酸量
（酸度應適中）
影響酒的口感 0.5~0.7
g/100mL

糖度高
（減少補糖量）
1°Brix>>>0.54%酒精

酸鹼度
（pH值應適當）
影響微生物的生長勢
能 約3.5

香氣足
（具風味特性）
影響酒的感官品質

季節性
（量多取得易）
水果品質佳 易獲得

顏色佳
（特殊商業性）
影響酒的感官品質

易加工
（酒汁比例高）
減少後續轉桶過濾的
困難度

沒糖度計時可參考

水果	糖度	水果	糖度
葡萄	18~20	木瓜	11~13
蘋果	10~13	桃子	13~20
橘子	11	琵琶	13~16
檸檬	3~9	芒果	14~17
梅子	4~7	柿子	16~22
楊桃	6~10	荔枝	18~20
芭樂	6~18	火龍果	11~20
蓮霧	9~16	哈密瓜	14~20
柚子	10~12	百香果	10~15
棗子	10~15	奇異果	15~17
柳丁	10~13	葡萄柚	8~10
鳳梨	10~18		

榨汁率：豐收的關鍵

居家釀酒時，我們可以釀少量珍貴的酒液，趁鮮釀品飲，從選水果開始，就期待著純釀酒的成品，酒液的多寡，與選果的榨汁率密切相關。我們投注心力挑選與處理水果，並營造適合釀造的環境，以及經歷等待的時間，通常都希望能得到足夠的成品與朋友分享。水果榨出水分含量的多寡，直接影響酒液的收成。

根據我們釀酒的經驗，大多數水果以水果60%、水40%的釀造比例，可增加產量，水果發酵成酒的風味也不會被稀釋過多。

特別需要注意的是：有些水果如櫻桃、梅子等，這類水果較不易榨汁，可以自行斟酌是否選作純釀發酵酒的果實，建議可考慮將其製成浸泡酒（再製酒），以酒液萃取果實的方式，品嚐酒香果蘊。

良果品味：熟香的程度

傳統的釀造觀念：將要淘汰、接近腐敗的水果，作為釀造原物料，如想要釀造出質優的果酒，釀造源頭絕不能是腐敗劣質的水果，建議選擇完全熟成的水果為釀造原料。

水果的熟成度直接影響水果的糖度與酸度。水果的成長過程中，糖度會攀升、酸度會下降，故選用來釀造的水果，應該選擇剛好熟的水果，如此一來，果實的糖度達到顛峰，酸度亦不至於影響發酵狀態與飲用的口感。

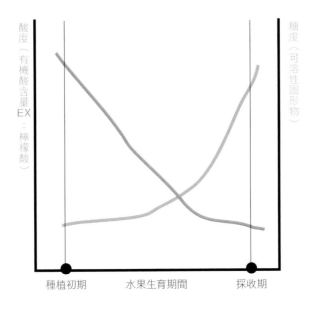

水果的糖度與酸度在生長期間的變化圖

以葡萄為例：當果實在發育初期，大部分為蘋果酸，酒石酸的比例較低，成熟期間果實以蘋果酸為基質，隨成熟度增加，蘋果酸的含量會顯著降低；成熟的果實，其酒石酸與蘋果酸的含量大約相當。如果選用未熟的葡萄來釀酒，蘋果酸的含量過多，將會造成酸味感的刺激，酒質缺乏柔順感。

圖中可看出：水果的生長過程中，水果中有機酸的含量會逐漸降低，而糖度剛好相反，呈現上升的趨勢，所以在水果種植期間，果農們常以糖度計監測、記錄，來判斷採收的時間點。以釀酒而言，因糖為轉換成酒精的主要原料，所以我們希望買到剛好熟的水果，以便得到較高的糖成分，進而釀得較高酒精成分的果酒。

水果中糖度與酸度含量的比例，所謂的「糖酸比」，是影響水果風味的主要因素，同一種水果會因不同的品種與產地，有不同的結果。糖酸比越高，我們就會覺得水果越甜，是評估水果品質的指標之一，每種水果對糖酸比的要求也不相同。如蘋果、葡萄、柑橘類與檸檬分別平均落在60、20、10與0.5，所以會感覺檸檬好酸。需注意的是，好吃的水果，也必須有一定比例的酸來調配，才能顯出其特殊風味。這些糖酸比的數值可作為進階釀酒者，於酒成熟時，調整糖度與酸度的參考指標。

*因口感會受酸度所影響，感覺較甜的水果不見得糖度較高，建議可請教果農或用糖度計得知。

過熟的水果，一來多伴隨許多雜菌，可能致使污染與腐敗，二來是風味及品質也因而難以控制，造成釀酵品質不穩定，每批成品之間有著極大的落差，另外需要提醒的是，若發現長黴與變色的部位，要將其去除，以穩定發酵環境。

釀製水果酒讓多數朋友喜歡的原因之一，就是其優雅的果香，因此，建議避免選擇食感與果香辨識度低的水果，就我們的釀造經驗，推薦熟香氣足的荔枝、鳳梨、蘋果與百香果，都能釀出風味十足的果酒。

貴腐酒，並非以腐敗的葡萄果時所釀製！

理想的釀造，應是能掌握發酵的菌種。像是人們所熟悉的「貴腐葡萄酒」，就是利用一種稱為灰黴的黴菌，預先處理葡萄，賜予葡萄特殊的風味，並降低水分提高葡萄糖度，釀造過程係於有制約的控制下完成，並非使用不熟悉、導致腐敗的菌種。

2

純釀果酒樂園的嘉年華

果肉皮色：純釀的染坊

　　水果的顏色可謂萬花筒，酒精本是將色澤萃出的最佳溶劑，與水果的色澤可說是相得益彰。色澤的優劣直接影響酒品的接受度，食品講究「色香味」俱全，「色」排第一位是有其原因的。因此，誘人的水果色澤，也決定了酒品的賣相。

⊣ 酒藏釀知 ⊢••••

水果的熟成

水果在未熟（immature）至完熟（ripeness）的過程，呼吸作用會急速增加而達到最高，以後趨於減少，此呼吸作用的上升現象，稱為更性呼吸上升（climacteric rise），有此現象的水果稱為更性水果（climacteric fruit），例如：梅子、香蕉、奇異果、芒果、酪梨、梨、桃、柿子、番茄、蘋果等，這樣的水果採收後可利用後熟來改善風味，風味增強、果肉變軟。

但柑橘、櫻桃、甜瓜、鳳梨、葡萄等漿果類水果並無這樣的現象，稱為非更性水果（non- climacteric fruit），無後熟的效果。

如果想要加速延熟型的水果熟成，可將其放置溫暖處，同時以紙或有孔的塑膠袋包起來，若裡頭再置一塊熟成的水果，效果更好，藉此提高水果熟成的氣體（乙烯）的濃度，加速熟成。

貯藏時需注意的是，香蕉、檸檬、芒果、木瓜、鳳梨等水果，會於低溫（15℃）發生生理障礙（physiological disease）的現象，品質將急速劣化，需要特別注意貯果環境。

保色防腐的偏亞硫氫鉀

一般市售葡萄酒，多會添加偏亞硫氫鉀（potassium metabisulfite；K₂S₂O₂）至葡萄酒中，各國有法定比例，其添加的主要目的在於：

1、抑菌：在運送過程中，外在環境無法控制，可能因環境而污染，為避免有害雜菌之生長而添加偏亞硫氫鉀，以抑制並防止有害雜菌之成長。

2、定色：保持葡萄酒在還原的狀態，防止褐變，並可使色素快速溶出，防止葡萄色素褪色沈澱。

3、安定：釀酵品是有生命的，可能因環境因素再度發酵，風味與預期的風味不同，在品質管理上較難掌控，因而需要添加偏亞硫氫鉀，有阻止葡萄酒過度熟成的效果。

雖添加偏亞硫氫鉀有其法定劑量，但推崇「自然酒」（Natural Wine）理念的酒莊認為，添加該成分即扼殺了葡萄酒的風土精神，以及對健康有疑慮，若有興趣，可參閱「自然酒」的相關資料。

果肉與果皮的顏色，都是天然的釀酵染坊，像是紅龍果的紅紫果肉與水梨的金黃果皮，多會讓人見色心醉，我們建議鮮釀先喝，避免歲月帶來褐變，將原本紅粉的紅龍果酒，變成深褐色。

糖度：掌控酒精的關鍵

市場上多數水果的糖度，約落在 10~15 °Brix（可溶性固形物，水果糖度的指標：可藉由糖度計得知），在未額外補糖的狀態下，發酵所產的酒精濃度就不高，酒味相對薄弱，保存上也較困難，通常都還得再補糖。故若能選擇糖度較高的水果，額外添加的糖就可減量。

若手邊沒有糖度計，還有兩個方法能得到參考糖度，一是找到水果糖度的參考表，二是直接到產地，或與農民聯繫、詢問農民，通常都可以獲得我們需要的答案。

糖度測量示意圖

糖度計

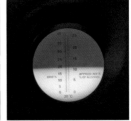

取果汁滴於糖度計　　　　朝光源觀察　　　　　　糖度20度
　　　　　　　　　　　　　　　　　　　　　　　理想發酵酒精為11%

比重計

將比重計放入　　　　　　眼睛平視觀察　　　　　　眼睛平視觀察
裝有果汁的量桶中　　　　糖度為25度　　　　　　　理想酒精約16度

⊷│ 酒藏釀知 ├••••

Brix degree（ºBrix度）／俗稱「糖度」

在20℃、100g溶液中的蔗糖克數。

以比重表示的ºBrix度＝蔗糖%；亦即可溶性固形物。

此數值可藉由折射度計法或比重計法得知。

果實的成熟／
與發酵終點指標

如何確認果實已至可收穫的熟成度
呢？除了倚賴農民朋友的觀察與經
驗外，另一種方式可以透過°Brix的
指標。

水果於生長期間，水溶性固形物含
量是決定採收期的指標，水果的糖
度會增加，酸度會下降。因水果的
水溶性固形物多數由醣類所構成，
故常以°Brix度來當作水果甜度的指
標，但這並非相當精準，如須更精
確的糖度數質，須藉由分析化學的
方式測得。

另因發酵過程的酒醪會產生酸與酒
精，此些成分將影響°Brix度數質的
精準性，故所讀到的數值僅為一趨
勢的變化，並非實質的含糖量，通
常水果酒的發酵終點（酒冒開始下
沉時，如圖）以折射糖度計去測量
時，約莫落在7左右。

成本考量：預算與時間

居家釀酒因空間、設備與法規的限
制，釀製數量無法很多，除了水果成
本外，還有釀造發酵的工序成本，若
想降低成本，可選擇在地且當季量產
的水果（可參考P15「季節與水果參
考圖」），做為釀造原料。

視水果而定，有的水果得去皮，
有的得清洗、切塊或破碎等，為釀
造水果酒的第一步驟，像是荔枝的
清洗與剝皮的前處理工序就較為繁
複。完成水果前處理後，釀造過程
尚有過濾的工序。

釀酒的發酵過程，通常為觀察到
果肉經酵母分解，成為果泥，呈現
混濁狀態。這是因為有些水果含豐
富的果膠以及纖維質等多種碳水
化合物之聚合物，會增加過濾與澄
清的困難度，是致使酒液混濁主要
肇始者。多數人對酒的印象都是澄
清透明的感覺（純釀小米酒較為混
濁），可以如此透明清澈，需經過
過濾與靜置、後熟的工序。

時至今日，雖然澄清的技術已有大幅度進步，但常會導致風味的改變、增加污染機會，更增加時間成本。我們不建議喜愛居家釀造的朋友，另外添加皂土或果膠酵素，只需使用濾布過濾，並靜置、等待澄清與後熟，便可獲澄清的酒液。

從水果採買預算，再到釀前處理與釀後過濾等工序，都是釀造成本，但一般居家釀造的量，通常不會太大，樂趣與享受是比較重要的，成本部分，可以各自斟酌。

＊┤ 酒藏釀知 ├••••

提升澄清度的有機與無機添加物

商業上為了達到完美酒液的澄清度，一般水果酒若有添加物，均係在調配前於貯桶中進行添加物處理。

添加物的材料有兩大類：

1. 有機物：如明膠、蛋清、魚膠、乾酪素、單寧、橡木鋸屑、聚乙烯聚吡咯烷酮（PVPP）等；

2. 無機物：如皂土、硅藻土等。

　　較為常用的澄清方法為明膠-單寧法和皂土法。

對於澄清酒液的添加物有興趣的朋友，可再依上述關鍵字，進一步深研。

第二節

酵母：與酒的靈魂對話──營造適當環境

純釀果酒的發酵樂園中，Saccharmyces 屬酒類酵母菌、扮演主要的角色，是決定酒類品質與類型的重要因素，酵母的穩定度與掌握度相當重要，因而，如何與酵母對話，實為關鍵。

酵母菌是一群以單細胞為主、主要以出芽為繁殖方式的真核微生物，在自然界中，主要分佈在含糖較高的偏酸環境中，但並非所有的酵母都適作釀酒酵母。

有位花蓮部落的朋友曾與我們分享，釀造時的心情會影響到釀酒成敗；也有朋友說到家傳的釀造秘方，就是與釀造品說說話，向酵釀品下釀酒的訂單。此節主要分享如何營造適當的環境，讓微生物快樂地生長，努力盡責地執行酒精發酵。

一、酵母的決戰力

前文提到「一層水果一層糖」的釀酒酵母，多為「野生酵母」，但野生酵母有其不穩定性，因為大部份的野生酵母極可能在發酵完成前已失去活性，導致甜度過高、風味不平衡等現象發生；另一方面，我們一般無法肉眼辨識空氣中的落菌，是適合釀酒的酵母，還是醋酸菌，或者是黴菌等，就如日本發酵學者小泉武夫談到野生酵母的議題時，也提醒到：「野生酵母恐怕隱藏了人們無法駕馭的危機」。

市售商用活性乾燥酵母與釀造者培養的「培養酵母」（culture yeast），是透過科學分析的方式，從微生物中挑選出適合釀酒的酵母（俗稱釀酒酵母），都是天然酵母，並非人類自創捏造而來，反而是藉由高科技知識與技術，從茫茫的微生物大海中，分離純化出具有釀酒特性的菌株，因此，可以大幅增加發酵過程的穩定度，減少雜菌汙染的機率。

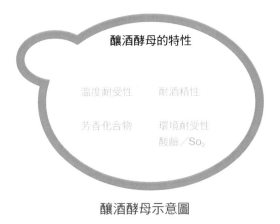

釀酒酵母的特性

溫度耐受性　　　耐酒精性

芳香化合物　　　環境耐受性
　　　　　　　　酸鹼／So_2

釀酒酵母示意圖

好的釀酒酵母須具備的能力：

溫度耐受性

　　一般而言，溫度區間可低溫至7℃，高溫至35℃，換言之，在臺灣，一年四季都能穩定生長。

芳香化合物

　　每種酵母菌在生長代謝的過程會形成各式酯類成分（芳香化合物），因菌種不同，芳香化合物的種類與濃度都不盡相同，但必須是多數人們喜歡的結果。

酵母菌對於酒中芳香化合物也扮演著重要性，不同菌種可使葡萄酒中有機酸或高級醇含量有所差異，也會影響乙醛、醋酸及丙酮的產量。另外代謝產生不好氣味之含硫化合物的含量也會有所不同，含硫化合物具有刺鼻的不良氣味，含量愈高、酒的品質愈差。

耐酒精性

酒精會對微生物造成傷害，為能產製較高酒精的酒品，釀酒酵母必須能在相對較高的酒精濃度下得以生存，於後文再詳述。

環境耐受性

發酵甕的環境會因原物料及配方的差異，而有不同的酸鹼值，釀酒酵母必須能在這樣變化的環境生存。

酒廠或高階玩家會用偏亞硫酸鉀來調整酒醪的環境，因酵母菌無法承受一定劑量的二氧化硫（SO_2），而無法進行吃糖變酒精的工作，藉此提升穩定性與標準化。

為了釀造品質穩定，商業上多使用經過培養或商用活性乾燥酵母，常用菌株為S. cerevisiae 及 S. bayanus，需至少具有提升與保有發酵的續航力，以及維護發酵成品的品質等兩大特性。

釀酒酵母特性簡表

提升與保有發酵的續航力	維護發酵成品的品質
1.可快速啟動發酵,掌握發酵的品質與時間。 2.酵母因具耐低pH值,高糖、高酸、高酒精、高二氧化硫的環境,仍可作用。 3.發酵溫度範圍廣,於低溫下也要有良好的發酵能力。 4.具有良好的降酸能力。	1.發酵速度平穩、發酵利用率高,酒精產率高。 2.氮需求低;揮發性酸與硫化氫(H_2S)產量少,可維持釀酒的品質。 3.產生良好的香氣。 4.凝聚性強,發酵完畢能很快成塊或顆粒狀沉澱於發酵甕底。

另外,酵母菌株可能因發酵溫度的差異,影響揮發性化合物的生成,導致香氣或嚐味的強度不同。所以酵母菌種的選擇,是控制酒品質的一個重要因子。

發酵過程除了會產生酒精外,也會產生高級醇,過量的高級醇會對酒的風味造成負面影響,如果使用篩選過的酵母菌種,對於發酵程度的掌握,與香氣類型的控制將有所幫助(有關上述成分的說明,將於第三節純釀果酒樂園的鍊金術:酒精及釀造產物,與後熟歲月部分進一步闡述)。

培養酵母係從野生酵母中提取純化而來的菌種,在提升與保有發酵的續航力,以及維護發酵成品的品質部分,皆較穩定且可掌控,釀酒酵母的基本需求,與其所需生長環境與營養需求,說明如下。

酵母耐酒精性

不少朋友曾嘗試用麵包酵母作為釀酒酵母，成功的多為酒精度不高的酒，又或者變成醋，主要原因是麵包酵母不具有耐酒精性，當酒精度提高時，麵包酵母就遭到抑制，無法持續發酵，提升酒精度。

酒精對酵母菌的抑制作用，與酵母的生長狀態有很大的關係，酵母越健康，酒精對酵母的抑制作用就越低，一般來說酒精濃度在6-8%時，就會開始抑制酵母的增殖。

釀酒用酵母則必須具有耐酒精性，才能夠在酒精形成的過程中，持續利用糖進行無氧的酒精發酵，也就是說在具有酒精的環境下，酵母尚需具備增殖力（reproductive power）、發酵力（Fermentation），以及存活率（viability），予以酵母能力走完「微生物生長曲線」（如圖）。

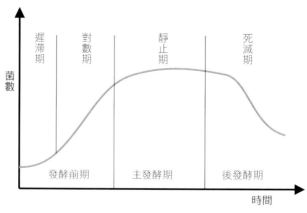

微生物生長曲線圖

優勢酵母特性簡表

增殖力（對數期）	可繁衍酵母菌，以提升發酵的效能。
發酵力	具有促使糖轉化成酒精的效能。
存活率（靜止期）	在一定濃度的酒精溶液中，具有存活的能力。

　　酵母於發酵時產生酒精，此種酒精之濃度如超過14%時，酵母之增殖及發酵力一定受顯著的阻害。但亦有特別馴育之酵母（利用於清酒之釀製方式：三次入料），可使酒精的產量達20%。

氧氣的需無狀態

　　有次在往南部部落，拜訪小米酒釀造朋友的路上，司機知道我們在釀酒，就分享了長輩釀酒的故事：「以前長輩還在的時候，都會自己釀酒，有時釀太多給忘了，大掃除的時候才發現怎麼還有這麼多酒甕在那，打開一聞，你們知道怎麼樣嗎？酸酸的，好像變成醋了。」

　　我們進行水果酒發酵時，發酵桶（環境）要在有氧的環境，還是無氧的環境，才能啟動「酵母吃糖轉化酒精」的機制呢？

　　酵母菌於多數發酵食品扮演著重要的角色，在適當的發酵環境中，酵母菌進行無氧呼吸，將糖轉換成酒精與二氧化碳。酒化的過程即為酒精發酵的主要化學反應，其中的酒精就是酵母菌發酵過程中最主要的代謝產物。

酵母菌在無氧狀態下會發酵產生酒精，原料經糖解作用後所產生的三磷酸腺苷（adenosine triphosphate, ATP）供其生長所必需。如果在有氧的環境下進行，部分酵母菌則會行有氧呼吸，將糖轉化成水和二氧化碳，使酒精量減少，因此酒的發酵要在密閉無氧的條件下進行。

發酵酒醋與氧的關係表	
需氧發酵 釀醋時，我們在發酵桶口蓋上一塊透氣的布，主要因為醋酸菌需在有氧的環境下，才能將酒精轉化為醋酸。	**厭氧發酵** 釀酒時，通常都須盡量的密閉發酵桶，主要因為酵母菌在進行酒精發酵時，是在厭氧環境下產製的。

酵母菌的營養需求及生長特徵

酵母菌的生長需要碳源及氮源外，也需要一些金屬物質，如鎂、鈉、鈣、鐵、鋅、鈷、錳及一些無機營養物質，如氯、硫、磷等。

當原料中含有如生物素、維生素B1、B6及菸鹼酸等之維生素時，可使酵母的生長速率達最佳。所以釀酒過程中，我們會加入營養粉，確保酵母菌在發酵的過程都能健健康康，努力工作。

酵母活化：確認酵母活性

概略了解釀酒酵母的優勢與特質後，釀酒中最重要的環節就是需要有活力旺盛的釀酒酵母，一般我們所用的為活性乾酵母，所以需要先

確認酵母是否仍保有活性，確認方式即是「活化酵母」：先在溫水中進行復水與活化，約20分鐘左右，即可看見明顯產氣的狀態，即表示具有活性，提升發酵的成功率。

此外，可適時添加酵母營養物，以利發酵過程完整，酒精產率增加（可見下圖）。

一公升發酵量的酵母活化：將0.5g乾酵母（營養粉）加入20ml糖水（約5°Brix）拌勻，於35℃發酵箱（或維持同溫的溫水），靜置約20分鐘。

▪┤ 酒藏釀知 ├▪▪▪▪

關於營養粉
（發酵輔助劑；酵母營養素）

酵母發酵需要有足夠的氮原及其他維生素與礦物質，其中氮源最為重要，除了葡萄外，多數水果普遍的缺點為氮源含量不足，尤其是因酸度太高，經過加水稀釋的水果如梅子，常因營養素含量過低，造成不易發酵、發酵慢、或發酵停頓（殘糖太高）的情形，因此適度添加營養粉是必要的。需注意的是有時添加營養粉後，反而會影響酒的風味，可透過發酵經驗，來決定是否添加或找到添加的最適量。

酵母之擴大培養

接種酵母前先培養酵母菌元，可確保所接種酵母為優勢菌種，並可縮短發酵時間以避免酵母菌因不適應酒醪環境，造成延遲發酵的情形，亦可減少商業酵母的用量。

培養時取純粹培養或商業酵母，將消毒過的果汁加入試管（約裝七分滿），於20-30℃震盪培養2-3日。另取一公升果汁加熱沸騰後置於經消毒的瓶中，瓶口以乾淨棉花塞住，放置隔夜冷卻。待試管中果汁達發酵快速狀態，將其加入裝有一公升經煮沸果汁瓶中，繼續發酵製成酒母（starter），再以此酒母繼續發酵更大量的果醪，酒母的量約為果醪的3-5%。

①加入適量酵母——營養粉

④攪拌均勻

②加入適量糖

⑤活化的溫度與時間

③復水

⑥完成活化

二、糖：嗜糖成酒的酵母

除了酵母外，糖是釀酒的動力來源。

臺灣水果種類豐盛，糖度多落在10-15°Brix，由第一章所提到釀酒酵母酒精代謝的化學式可以知道—酒精（C_2H_5OH）收率約50%，我們僅得到5-7%的酒精度，可是酒精度太低，極有可能遭到污染或空氣落菌而變質，因而如何掌握糖度以提升酒精度，是釀酒的關鍵因素。

釀造果酒時，酵母菌將發酵液中的糖轉化為酒精，為了使成品達到一定的酒精量，通常都需要對發酵液的糖度有所調整，簡單說，即是「調糖」，將糖度調整至預期的酒精度。

原則上，1度的糖產生約0.5%的酒精；所以如需產生12.5%酒精的果

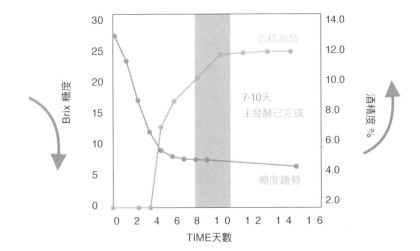

糖與酒精的變化圖

酒，必須將發酵甕中的酒醪調整到25度的糖度。由圖可看出，在室溫下（25℃）約莫7-10天左右，糖幾乎就被酵母菌所利用，也就是說，主要的酒精成分，在此短短的時間內就形成囉。

誠如上述，若是1度的糖產生約0.5%的酒精，是不是一直補糖就能提升酒精度呢？

不少習得釀酒原理與技術的朋友，開始探索釀酒的世界，取手邊果實、果乾與果汁來釀酒，享受果實發酵為酒液的樂趣。因認為「酵母吃糖變酒精」，若要提高酒精度，就給予加倍的糖量，期待藉此獲取夠高酒精度的成品，但卻沒有得到預期的酒精度，反而失去果酒的特質、甚至變酸。這是因為忽略了高糖量所帶來的「滲透壓」影響，反而無助於發酵、提升酒精度，而是抑制酵母發酵、阻礙酒精生成。

糖濃度高會影響正常的發酵，主要原因是糖導致滲透壓增加的問題。有些甜酒的酒精濃度高達16%，釀造時必須擁有耐糖、耐酒精性的釀酒酵母，不過因為耐高滲透壓的酵母的發酵力較一般釀酒酵母差，所需發酵時間較長，因此，當我們想釀造高酒精度的果酒時，可採取分次補糖的釀造方式，維持低滲透壓，讓發酵快速穩定地進行。

釀製酒的酒精濃度通常都低於20%（多為12%），若要提升酒精，需經過蒸餾純化成「蒸餾酒」，始提升酒精度。

關於「補糖」的疑惑，有朋友好奇問：「水果已經很甜了，補糖的酒會不會太甜？」也有朋友釀酒後，提出疑惑：「我釀的酒都不甜，是不是失敗了？」

我們常與前來學習釀酒的朋友分享自釀酒，像是愛文芒果酒、冬蜜鳳梨酒、金鑽鳳梨酒、小玉西瓜酒、蘋果酒、荔枝酒、紅龍果酒與金香葡萄酒，選擇一支酒，分別斟上兩杯，其一為純釀，另一為特調，進行盲測，多數人都認為純釀酒的韻味較特調的酸，有的略澀，這就是酵母完整地將糖作用成酒精的過程，純釀酒若沒有過多的殘糖或甜口的感覺，就表示此次釀酒相當成功。

葡萄糖和果糖為酵母菌主要的碳原和能源，酵母菌利用葡萄糖的速度比利用果糖快。

釀酒時我們都會添加蔗糖來補足水果甜度的不足，此時蔗糖會先被位於細胞膜和細胞壁之間的轉化酶，在細胞外水解成葡萄糖和果糖，再進入細胞，參與代謝活動。當糖被利用完時，酵母菌的生長與繁殖幾乎停止，糖濃度適當時，酵母菌生長的速度最快（一般約莫16度），當糖濃度過高時（超過25度），將使酵母菌生長與代謝的速度變慢。

至於要如何駛糖於釀酒過程，成功通行，達到預期的酒精度，我們將於「啟動果酒的釀酵開關」章節續航發酵。

三、創造微酸環境

發酵液的pH或酸度，對各種微生物的繁殖與代謝活動有著不同程度的影響，主要影響各種酵素的活性，進而影響整個代謝過程。

以酒的發酵而言，酵母菌是最主要的微生物，加上酵母菌又比細菌有較強的耐酸性，為了確保整個酒的發酵過程正常進行，使酵母菌成為絕對優勢的菌種，最好能夠使pH值降低到pH4左右，於此酸度下，雜菌的代謝會受到抑制，而釀酒酵母能正常發酵，有利於甘油及高級醇的形成。

以有機酸度而言，一般控制在0.5-0.7%之間，所以如遇糖度高、酸度低的水果，需額外進行調酸。依照我們的經驗，一公升的發酵液，擠半顆檸檬調酸，以營造友善酵母菌成長的環境，順利地發酵。

果酒的品質一方面取決於酒精濃度，一方面取決於酸的含量，為了得到協調的果酒風味，必須維持一定量的酸度。如酸度太低，將使酒的風味平淡，易讓飲用者有膩的感覺，如酸度太高則讓人難以入口，且酸度對於發酵的進行和保存時間也十分重要；酸度太低容易被雜菌汙染，不易保存，二氧化硫的殺菌效果不佳，風味平淡。（保存部分可見P42「柵欄理論」）

在果酒發酵過程中，酸的來源分為兩部分：水果中自存在的酸，與發酵過程中產生的酸。

pH檢測圖

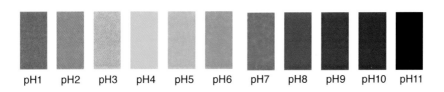

試紙的變色表

　　水果中自存在的酸多數為酒石酸、蘋果酸、檸檬酸，少數如藍莓中的安息香酸。發酵過程中產生的酸有乳酸、醋酸、琥珀酸。此些酸均屬弱酸，酸度強弱依序為：蘋果酸、酒石酸、檸檬酸與乳酸，分別簡述如下表。

有機酸種類表

蘋果酸 Malic acid	蘋果酸幾乎存在於所有水果中，且含量很高，賦予果酒新鮮的酸味。於發酵過程中，於適當的pH、溫度、胺基酸存在狀態，有機會進行蘋果酸乳酸發酵，使酸味降低。
酒石酸 Tartaric acid	成熟葡萄中主要的有機酸，發酵過程中與鉀離子發生反應，形成酒石酸氫鉀，沉澱於發酵桶底部，可降低酸度。
檸檬酸 Citric acid	所有柑橘類水果的酸均來自於檸檬酸，檸檬酸的酸味明顯且刺激，需適量添加，過量將影響風味。
乳酸 Latic acid	為一種常見於乳製品的有機酸，由乳酸菌進行乳酸發酵，將乳糖轉化而來，一般情況下並不存在於水果中。因乳酸的酸味柔和，所以釀酒的熟成過程常進行蘋果酸乳酸發酵，以增進口感。
醋酸 Acetic acid	於烹調中普遍被應用，其揮發性很強，是果酒中的揮發性酸。於果酒中會出現表示發酵過程有醋酸菌汙染，將酒精轉化成醋酸。因醋酸菌屬好氧菌，所以靜置熟成時，應盡量將酒桶添滿，以杜絕好氧的醋酸菌。

•┤ 酒 藏 釀 知 ├••••

蘋果酸乳酸發酵（Malolactic Fermentation, MLF）

乳酸細菌的作用下，將蘋果酸分解成乳酸和二氧化碳的過程。

於比較冷的氣候生長的葡萄，其釀造的葡萄酒中含有較高濃度的蘋果酸，容易掩蓋各種風味的特徵。當釀造環境條件適當時，於發酵2-3週後，發酵甕中的乳酸菌會自行地將蘋果酸轉換成乳酸，使酸度降低（pH上升0.3-0.5），這一發酵將使新酒的酸澀、粗糙等特點消失，進而變得柔軟，果香、醇香變濃，質量提高。同時蘋果酸-乳酸發酵還能增強酒的生物穩定性。因此，蘋果酸-乳酸發酵是名副其實的生物降酸作用。

然此自然現象並不具有可預見性，釀造技術純熟的玩家或酒廠，常額外添加酒白念珠菌（Leuconostoc oenos）來促進此發酵。通常過低的pH、過高的酒精及高濃度的二氧化硫將不利於此反應。

四、宜人溫度：
　　呵護酵母的適當溫度

適合釀酒的溫度，可讓酒液醇順。

　　有次我們與到臺北交流的客座廚師交流發酵與釀造的經驗，一進到實驗廚房，瞥見工作台上佇立許多發酵瓶，發酵瓶上插著空氣閥（Air Lock），一旁放著電風扇伺候。釀酒時，為何特別在旁準備電風扇呢？

　　主要原因是酵母進行發酵時，除了產生酒精及二氧化碳外，還會產生

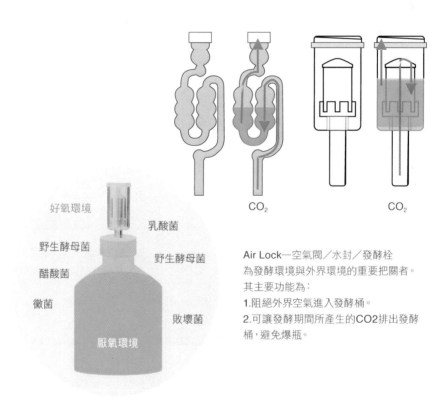

好氧環境

乳酸菌

野生酵母菌

野生酵母菌

醋酸菌

黴菌

敗壞菌

厭氧環境

CO_2　　　　CO_2

Air Lock—空氣閥／水封／發酵栓
為發酵環境與外界環境的重要把關者。
其主要功能為：
1.阻絕外界空氣進入發酵桶。
2.可讓發酵期間所產生的CO2排出發酵桶，避免爆瓶。

Air Lock 發酵閥示意圖

熱能，如沒有完善的控溫條件導致溫度過高，將可能影響酒的品質（高溫下含硫化合物的量會較多，喜好接受度會下降）。

依計算，每180克糖發酵可產生33Kcal之熱能，因此一公升含22%糖的葡萄汁發酵時，將會產生40Kcal的熱能。若發酵的量多時，產生的熱能將甚為驚人，因此需要適當的冷卻方式，維持在適合的發酵溫度。

溫度對酵母菌的生長速率有很大的關係，最適合大部分釀酒酵母發酵的溫度約為22-27℃，有如下圖的趨勢。一般來說，低溫發酵可以降低細菌及野生酵母的活性，減少揮發性香氣化合物的損失，獲得富含水果香氣的酒，且可以降低酒精揮發，提高酒的品質。

一般來說，發酵條件中之溫度，會影響酒中揮發性化合物的含量。

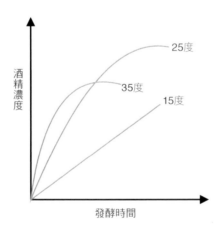

發酵與溫度關係圖

酵母與溫度關係表

高溫環境下進行發酵（〉27℃）	除了會增加酒精的揮發，容易提高揮發性酸，並產生乙醯乙醇（acetoin），且生成含硫化合物的量較在低溫發酵時來得高。
低溫環境下進行發酵（20℃）	易生成高級醇，如乙醇異戊酯。
低溫環境下進行發酵（10-15℃）	較易生成水果香氣的酯類化合物。

但有時也因為釀製不同的酒而有所調整，如白葡萄酒的釀製溫度約15-20℃，主要是可以維持平穩的發酵速率，及降低因高溫所流失之揮發性酯類化合物，得到具有優雅芳香的酒；而紅葡萄酒之發酵溫度則較高，約25-30℃左右，主要是因為高溫發酵時容易萃出酚類化合物，除了增加酒的顏色更加強嗆味。

　　整體來說，發酵產物對催化反應的酶有抑制作用，酒精對酵母菌的抑制作用，會因不同的菌種、酵母活力的狀態與溫度而有所差異，另於溫度較高的環境下發酵，酵母菌受酒精的影響也較大。

　　因此，發酵溫度的拿捏，是控制酒風味的一個重要因子。需注意的是，溫度過高導致發酵過速，將降低酒的風味，最好控制溫度進行發酵。

第三節

純釀果酒樂園的錬金術─酒精及釀造產物，與後熟歲月

發酵，是微生物能量轉化的過程。

微生物落在果實上，若將果實看作沃土，發酵作用則是再次提供果實轉化的養分，長出不同於果實農作原有的風貌；簡單而言，食材農作是沃土，發酵是賦予人們不同於食材本身之新的風味、觀感與滋味等，這些感官有時無法言喻，往往需要經由經驗歸納，或者科學解析，提供指涉與說明。

酵母作用產生酒精，不單有乙醇為產物，尚有其他發酵的副產物，影響與決定著口感與香氣的走向。因此，接下來我們試著簡要理出一與釀酵相關的化合物名稱，有些是拗口的專有名詞，但每個拗口的成分名稱都是一個學門，本章節偏向呈現輪廓、雛形，以科學語言的方式，領讀酒精以外的風味。

另外一提，有關本章節稱為「純釀果酒樂園的錬金術」的原因。其一，錬金術是中世紀一種化學哲學的思想和始祖，是當代化學的雛形，呼應本章節主要整理發酵產物與後熟的相關雛形為出發；另外，也意味著提錬純釀果酒主體（乙醇）外的產物。以下說到的產物專詞，是入門雛形，若想再深究的朋友，可以此章節持續延伸與探討。

一、酒精之外的感受：
發酵的副產物

釀製酒的酒精發酵過程為厭氧發酵，如果有氧的存在，酵母菌就不會完全進行酒精發酵，部分轉為進行有氧的呼吸作用，將糖轉換成二氧化碳及水，使酒精產量減少。也因此，進行酒的釀製時，需在密閉的環境下進行。這樣的現象在18世紀時由法國學者巴斯德所發現，稱為「巴斯德效應」。

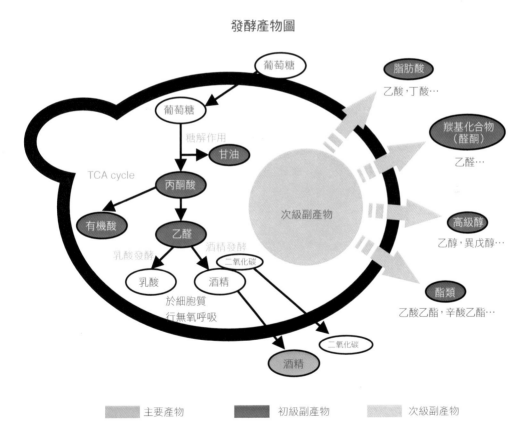

發酵產物圖

- 葡萄糖
- 葡萄糖
- 糖解作用
- 甘油
- TCA cycle
- 丙酮酸
- 有機酸
- 乙醛
- 酒精發酵
- 乳酸發酵
- 二氧化碳
- 乳酸
- 酒精
- 於細胞質 行無氧呼吸
- 二氧化碳
- 酒精
- 次級副產物
- 脂肪酸　乙酸，丁酸…
- 羰基化合物（醛酮）　乙醛…
- 高級醇　乙醇，異戊醇…
- 酯類　乙酸乙酯，辛酸乙酯…

主要產物　　初級副產物　　次級副產物

酒精發酵是一連串生化反應的結果，於酒的釀造過程中，除主要產物酒精和二氧化碳的形成外，尚有一些微量物質，習慣上稱為酒發酵的副產物，這些副產物可謂為感官享受的重要來源。

這些生化反應的過程包括：糖解作用產生酒精，檸檬酸循環（TCA cycle），丙酮酸的分解，同時伴隨著甘油發酵。

此些副產物依代謝的途徑，可分為初級副產物與次級副產物（見下表），對於酒的質量與風味扮演著決定性的角色。

發酵的副產物表

初級副產物	指的是酒精發酵過程的中間產物或簡單生化反應（氧化還原反應），如前述，厭氧狀態下糖解過程中產生的乙醛、丙酮酸、甘油，或有氧狀態下檸檬酸循環（TCA cycle）的中間產物，像是琥珀酸、檸檬酸、延胡索酸、蘋果酸等。
次級副產物	指的是次級代謝過程形成的物質，如高級醇、脂肪酸、羰基化合物（醛、酮）酯類等，尚包括其他來源產生的物質，像是水果中果膠物質的分解物等。

純釀的風味關係：圓潤、香氣與酸爽

釀造的趣味，在於微生物的發酵過程中，會產生許多副產物，影響著酒體的風味，簡單整理與風味有關的成分如下。

發酵酒風味簡表

甘油	甘油具甜味,可使釀造酒喝起來圓潤。
高級醇	高級醇在酒中的含量較低,但它們是構成酒類特殊香氣的主要物質,酒中的高級醇有異丙醇、異戊醇等,主要是由氨基酸形成的。
酯類	葡萄酒中含有機酸和醇類,而有機酸和醇可以發生酯化反應,生成各種酯類化合物,這些酯類化合物是構成酒中香氣的主要物質。
醋酸	醋酸是構成葡萄酒揮發酸的主要物質,在正常發酵情況下,其量不多,主要是由乙醛經氧化運原作用而形成。酒中醋酸含量過高,就會具酸味。
乳酸	主要來源於酒精發酵和蘋果酸-乳酸發酵。
乙醛	乙醛可由丙酮酸脫羧產生,也可在發酵以外,由乙醇氧化而產生。

另外,在酒精發酵過程中,還產生很多副產物,它們都是由酒精發酵的中間產物—丙酮酸所產生,並具有不同的味感,如帶辣味的甲酸、具煙味的延胡索酸、具酸白菜味的丙酸、具榛子味的乙酸酐、具巴旦杏仁味的3-羥丁酮等。

風味的輪廓—芳香化合物

釀製酒有許多風味,未經專業訓練的朋友們,不是那麼容易能辨識出來,所以品酒時,可用概略性的描述來表達對酒的味覺喜好。

於風味上:正面表達如香氣優雅／香氣怡悅／果香濃郁／香氣純正;負面感受如霉臭味／二氧化硫味／腐臭味。

於口感上:正面表達如口感純淨優雅／柔和細膩／醇美和諧／酸甜適口／微酸爽口／口味圓潤／酒質肥碩／酒體豐滿／酒體完整;負面感受如口味淡薄／口味粗糙／過酸／過膩／過澀／有異味。

水果酒品評品酒基本步驟

顏色
描述酒外觀的屬性
澄清度／混濁度／沉澱狀

搖晃
以溫和不噴濺為佳
主要是讓空氣進入酒中
讓酒中香氣成分釋放出來
顯現出酒的特有香氣

聞酒
評判酒香氣品質的接受性
可經訓練以香氣輪的香氣用語描述或概略性描述：
正面：香氣優雅／香氣怡悅／果香濃郁／香氣純正
正面：霉臭味／二氧化硫味／腐臭味／氧化味

品嘗
舌上不同的味蕾感受酸甜苦鹹及其他呈味性
正面：口感純淨優雅／柔和細膩／醇美和諧／酸甜適口
微酸爽口／口味圓潤／酒質肥碩／酒體豐滿／酒體完整
負面：口味淡薄／口味粗糙／過酸／過膩／過澀／有異味

回味
酒的清淡及濃郁味、酸味、澀味等持續的時間

編號	酒 名	外觀		香氣	滋味	風格	評分	評分
		色澤	清混					
		10分	10分	30分	40分	10分	100	

葡萄酒品評口（百分制）

可自製評分表（如左圖），與朋友們分享時，請他們做簡易的評分紀錄，即可作為日後釀酒配方的參考。

釀製酒香氣的來源

每種釀製酒都具有其獨特的香氣，這些香氣主要源自於釀酒原料、發酵微生物及成熟三階段。其中釀造階段的發酵香佔了絕大部分，也是釀造最有趣的地方。

原始香氣

每種都具有其獨特的香氣，於發酵過程中會釋放出來，以果香、花香及草本種類為主要的香氣類型。

釀造香氣

除了酵母本身氣味，酒精發酵過程產出的成分均會釋放出來，以果醬、糖果及糕點類為主要的香氣類型。

釀製酒香氣來源示意圖

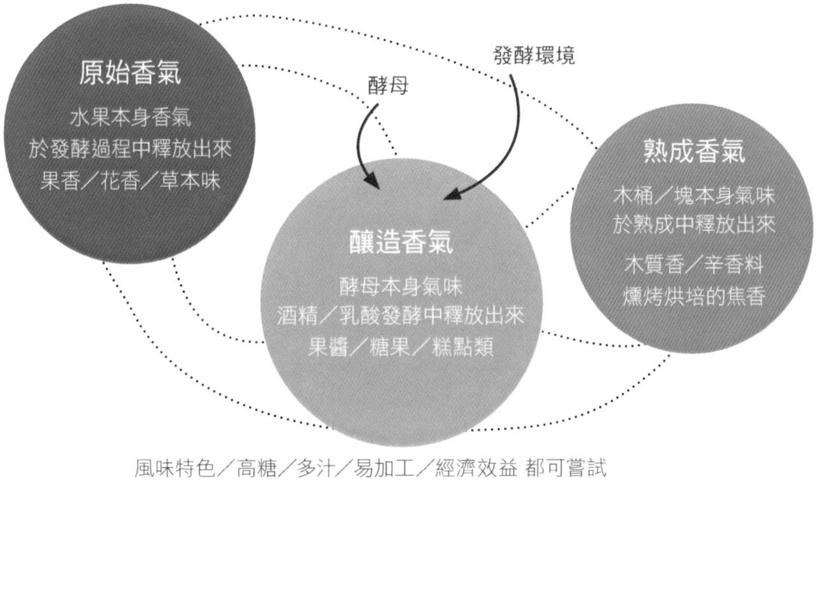

原始香氣
水果本身香氣
於發酵過程中釋放出來
果香／花香／草本味

酵母　　發酵環境

釀造香氣
酵母本身氣味
酒精／乳酸發酵中釋放出來
果醬／糖果／糕點類

熟成香氣
木桶／塊本身氣味
於熟成中釋放出來
木質香／辛香料
燻烤烘培的焦香

風味特色／高糖／多汁／易加工／經濟效益 都可嘗試

木桶／塊本身氣味於熟成中釋放出來，以木質香、辛香料及燻烤烘培的焦香，為主要的香氣類型。

酵母菌發酵過程中，乙醇是酒中含量最豐富的成分，酒精本身雖不屬芳香化合物，但卻是「增香劑」，對香氣成分的表現具有正面助益。

於科學上，酒的香氣成分（芳香化合物）依化學性質來分，可分成醇、酯、酸、羰基化合物、含氮化合物、含硫化合物及帖烯類等。這些香氣成分廣泛出現在不同的酒類之中，以種類而言相差甚少，但以數量而言則相差甚遠。不同酒類之差異除了部分來自原料、釀製（蒸餾）及熟成的特殊風味之外，主要差別仍為共同成分在濃度及相對比例之不同所導致。

依據酵母活性狀態階段的差異及揮發性與否，可如右圖中區分。

若發酵條件控制失當，易導致成品有異臭，例如釀造過程中的二氧化硫（SO_2）添加量不當會產生硫臭味；過濾時帶入濾材臭；微生物污染變敗產生酸敗臭；或酵母自分解產生的不快臭等。不好的氣味如丁二酮（diacetyl）及含硫化合物皆是，優良的香氣以醇、酯和酸等成分為主，對酒的風味有正面影響。

以下將針對幾種重要成分做介紹，包含可以增香的醇類化合物、酸爽口感的有機酸類化合物、香氣芬芳的酯類化合物，與羰基化合物（醛和酮），以及產生讓多數人不太能接受氣味的含硫化合物，還有選果發酵，釀造後的果膠物質分解物，都會影響釀酵風味的成分。

酵母影響發酵食的感官的因子圖

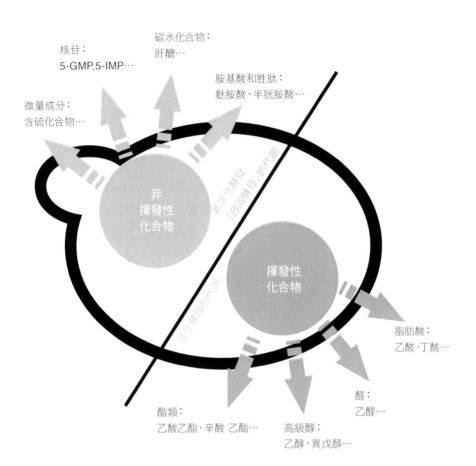

核苷：
5-GMP,5-IMP…

碳水化合物：
肝醣…

胺基酸和胜肽：
麩胺酸，半胱胺酸…

微量成分：
含硫化合物…

非
揮發性
化合物

非活性酵母
（自溶酵母）的代謝

活性酵母的代謝

揮發性
化合物

脂肪酸：
乙酸，丁酸…

醛：
乙醛…

酯類：
乙酸乙酯，辛酸 乙酯…

高級醇：
乙醇，異戊醇…

增香：醇類化合物

高級醇

除了乙醇之外，碳數從三至十的高級醇（又稱雜醇油）亦廣泛存在酒類中，雜醇類之生成量與比例，隨酵母之種類和發酵溫度而變化。其含量常低於人類感官所能辨識之閾值（threshold），因此為助香劑，同時也是形成酒中重要香氣物質如酯類的前趨物。

高級醇主要是以胺基酸為碳鏈的主幹所構成，係由胺基酸經由去基作用及或去胺基作用而生成，也可由酵母中的胺基酸生合成路徑代謝產生。因此，凡是能夠影響胺基酸的吸收、分解及合成的因子均會影響高級醇的存在。其c碳數為3-10，包括isoamyl alcohol、isobutyl alcohol、1-propanol等。

甘油

另一主要的醇類物質為甘油（glycerol）。主要來源有兩個途徑：一是酵母發酵過程中所產生，二是水果上真菌代謝所產生。

酒中甘油含量受發酵溫度、酵母菌種、pH、最初糖濃度及通氣狀況所影響。其可增進酒的質量，形成良好的口感，增加酒的醇厚感與黏度，於高濃度時呈現甜味，是酒中重要的成

閾值（threshold）
感覺或刺激的變換點，能正確識別刺激內容所需的最少濃度。當刺激物濃度低於閾值時，則無法感覺出來。

分。此外，尚有其他醇類物質，簡述如下表：

醇在酒中的風味特徵及閾值表

種類	閾值（ppm）	酒中含量（ppm）	風味特徵
乙醇	14,000	720,000	酒精味，燒灼感
丙醇	700	6~20	似醚臭，有苦味
異丙醇	15,000	3~6	似醚臭，有苦味
正丁醇	450	1.4~4.0	刺激臭，苦澀味
第二丁醇	16	3.0~3.5	芳香，爽口
異丁醇	200	4~20	刺激臭，苦澀味
異戊醇	70	8~125	刺激油味
活性戊醇	65	7~35	刺激酒精味
己醇	5.2	0.1~0.3	芳香味
辛醇	1.1	0.001~0.01	椰子味，胡桃味
葵醇	0.21	0.002~0.003	脂肪味
β—苯乙醇	125	8~25	玫瑰香味

酸爽：有機酸類化合物

酒中的有機酸來源有二，一為糖類分解代謝，主要是檸檬酸循環（TCA cycle）所產生的不揮發性含氧酸，如檸檬酸、琥珀酸、蘋果酸、丙醋酸及乳酸等，它們主要影響酒的口味，不同菌種將會有不同結果。

另一來源的脂肪酸則在嗅覺上的影響較大，其少部份是由原料而來，但更重要的來源，是由酵母菌的粒腺體中之脂肪酸合成複合酵素，將數個乙醯輔酶A（acetyl CoA）縮合而成的偶數碳原子的脂肪酸。其中如食醋酸味的來源—醋酸，就是由這出現的，酵母對長鏈的脂肪酸進行β-氧化作用（β-oxidation）所產生。

醋酸屬短鏈脂肪酸（Short-chain fatty acids 簡稱SCFAs），是易揮發脂肪酸。是一組由五個或以下的碳原子組成的飽和脂肪酸。脂肪酸在嗅覺上的影響較大，其既有香氣又是呈味物質。適量的酸可在酒中扮演緩衝作用，消除口中不協調，但酸味太多則酒味粗糙具有刺激感，不同酵母菌種將產生不同程度的有機酸（可見下圖示意）。

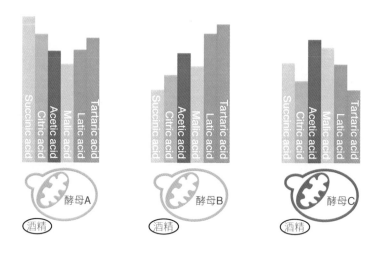

酒中的揮發性酸除主要的醋酸外，還包括甲酸、丙酮酸、丁酸等，在酒的釀造過程中被視為是否遭到雜菌汙染的重要指標。當酒醪受到醋酸菌或乳酸菌汙染時，即產生大量醋酸，其產量與酵母菌種類、發酵溫度或果汁成分有關，尤其是醋酸菌很可能使酒變成醋。

下表為釀造酒中各種主要有機酸之組成分，其中以葡萄酒之酸量最多，酸味最強。臺灣之葡萄酒與進口酒的酸度比較顯示，蘋果酸之含量過高是形成酸味刺激的主要原因，故釀造過程也可經由增加蘋果酸乳酸發酵，進而增加酒的口感。

釀製酒中主要有機酸之組成表

有機酸	清酒（ppm）	啤酒（ppm）	葡萄酒（ppm）
醋酸 Acetic acid	76	15-110	
琥珀酸 Succinic acid	361	40-110	
乳酸 Lactic acid	361	80-250	1000-5000
蘋果酸 Malic acid	148	50-85	-5000
檸檬酸 Citric acid	54	100-200	-5000
丙酮酸 Pyruvic acid	5-28	40-70	-128
酒石酸 Tartaric acid			2000-5000
葡萄糖酸 Gluconic acid		35-45	-2500
丙酸 Propionic acid	5	1	
丁酸 Butyric acid	10	1-2	
己酸 Caproic acid		1-4	

香氣：酯類化合物

　　酯類化合物主要是在發酵過程或熟成的過程，由有機酸與乙醇形成的，如酒中最多的醋酸乙脂。

酯類化合物示意圖

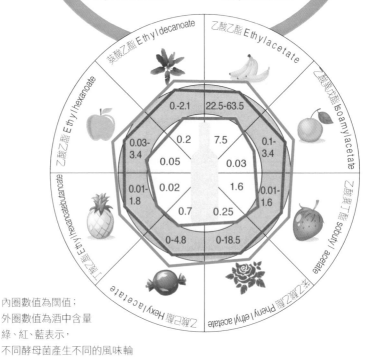

FLAVOUR ESTERS in wine

acetate esters：
以醋酸鹽為酸基，搭配乙醇或其他高級醇的脂類

乙酸乙酯	苯乙酸乙酯
ethylacetate	phenylethlacetate
乙酸異戊酯	乙酸異丁酯
isoamylacetate	isobitylacetate

MCFA ethyl esters：
以乙醇為醇基，搭配其他中鏈脂肪酸所形成的脂類

| 己酸乙酯 | 辛酸乙酯 |
| E th y l hexanoate | Ethyloctanoate |

內圈數值為閾值；
外圈數值為酒中含量
綠、紅、藍表示，
不同酵母菌產生不同的風味輪

在酸和醇的酯化過程中，有些有機酸容易與乙醇形成脂，有些則相對不容易。酒中各種有機酸的脂化過程都是獨立進行的，各有各的特性，對酒的風味也有著不同的影響。

酯類化合物含量在酒中雖然不高，但是其辨識閾值低，對於酒類的香氣貢獻大。尤其是低碳數之脂肪酸乙酯大都具有水果之芳香，而高碳數脂肪酸乙酯之香氣則具有保香的作用。

酯類化合物主要由酸及醇縮合而成（酯化作用），由前面的討論我們已知酒中含有的醇及酸種類很多，因此由這兩者所結合成的酯之種類更是眾多。

一般可將酒中的酯類分成兩大類，一為醋酸與各種醇結合成的醋酸酯，另一為酒精與各種有機酸結合成的乙酯，在所有酯類中以醋酸乙酯的含量最多。另一方面，使用不同之酵母菌株，酯生成量與組成分亦不同。

芳香：羰基化合物（醛和酮）

通常羰基化合物係經由丙酮酸產生的，亦可由氨基酸經脫胺基反應、脫基反應而得。羰基化合物為易溶於乙醚、難溶於水之無色液體。一般而言，揮發性醛、酮類，為構成酒類香氣的主要成分。

許多的羰基化合物和脂類一樣，對酒的氣味有顯著的影響。游離的醛和酮都可看成是芳香物質。酒類中大多數羰基化合物亦由酵母菌生成，其中常見以乙醛（acetaldehyde）為最多。乙醛是生成酒精時的中間產物，隨著發酵和熟成的時間增加，乙醛濃度逐漸降低。當乙醛含量太高

時，會使酒出現氧化的味道，但當乙醛濃度低於閾值時，則可增進酒的香氣。

酒中含有為量不少的羰基化合物，一部分來自水果汁液中，而芳香族醛中以香草醛（vanillin）最重要，其具有香草香氣。

掩鼻的氣味：含硫化合物

在各種酒類中亦有少數之低級揮發性含硫物，例如：甲基硫（methyl sulfide）、二甲基硫（methyl disulfide）等。酒中含硫化合物可能來自於原料，或由酵母代謝產生，也可能為製酒過程中添加$K_2S_2O_5$造成。含硫化合物大都氣味惡劣，辨別閾值又低，對於酒類之香氣有不良影響。

釀酵榨汁後的分解物：果膠物質分解物

酵母菌能夠分解果膠，使果膠大分子分解為小分子物質、發酵液的黏稠度下降。水果酒的釀造過程，果膠分解的程度低，導致過濾較為困難，榨汁率較少，故一般大量釀造過程中會添加果膠分解酵素，來提高榨汁率與增加澄清度。

於酒類釀造過程中，果膠會被果膠甲基脂酶分解，釋放出甲醇。不過在一般情況下，微量的甲醇不會對健康造成不良影響，反而對酒的風味有所改善。

居家釀酒的經驗而言，因為自釀的量較工廠少許多，建議可用濾布或篩網過濾即可，或在選果階段、前處理階段依照水果果膠不同而調

整，像是藉由榨汁的方式來發酵，或降低果肉在酒醪中的比例（水的比例增加）。而工廠為求效率與產出，多會另外添加「果膠酵素」（pectin enzyme），以提升榨汁率，提高產量。

提升榨汁率的法門：果膠酵素

果膠酵素（pectin enzyme）是與果膠分解有關的酵素之總稱，含有數種酵素如原果膠酶、聚半乳糖醛酸酶、果膠酯酶，可以催化使植物細胞壁的果膠聚合物裂解，此酵素廣泛分布於高等植物和微生物，與果實和蔬菜的軟化現象有密切關係，活性隨果實的軟化而增加。一般來說，每公升發酵液體約加入0.5cc左右，可增加成品的榨汁率與澄清度。

添加果膠分解膠酵素為一般釀酒者常使用的方法，因添加果膠分解酵素除了可提高榨汁率，並可增加色素萃取量，而果膠分解酵素作用的同時，亦增加果皮或果渣與汁液接觸的時間，可萃取更多果皮上的物質，增加酒液中的香味物質，另外亦可用以澄清果汁、酒類。

以紅肉李為例，其果膠含量雖不高，然若不經果膠分解酵素的處理則不易榨汁，且果汁澄清度亦受影響，須注意的是雖有上述優點，但使用濃度過高時，雖可使李子汁的產率增加，但會產生苦味。

二、後熟：果酒與歲月的餽贈

熟成（aging）作用，乃指經發酵完成的新酒，儲存在適當的環境或容器中一段時間，生成香味和芳醇味，使品質緩慢地成熟並漸趨穩定，為製酒中最重要且最複雜的一環。

初釀好或蒸餾後之酒類較具有刺激的酒精味，大眾接受度不高，故需經過一熟成的步驟。熟成之定義是新酒於貯存過程中，酒味由刺激轉為柔和，香氣增加，具有綿甜爽淨的老熟風味之自然陳化的現象，而在此熟成過程中，包含了許多化學變化。

酒精與水之締合作用

熟成過程中，水分子和乙醇分子間由於極性分子間氫鍵之相互作用重新組合，使水分子和乙醇分子逐漸構成大分子，締合度增加，乙醇分子受到束縛，自由度減少，使酒的刺激性減弱，口感柔和。

醇類之氧化還原作用

熟成過程中，由於醇類與氧作用，會產生一系列之氧化作用，由醇類氧化成醛類，醛類再經氧化成酸，酸會與乙醇行酯化作用而產生具有香氣之乙酯類，且醇與醛縮合成縮醛，整體達到一新的平衡。酒中之有機酸與酯類物質之增加，可提高酒之香氣使口味醇厚。

另不同酵母於發酵過程中除會產生特定風味外，其餘後熟的過程，可能產生自解離作用而形成硫化氫等令人掩鼻的「含硫化合物」。由於含硫化合物的氣味通常不良且閾值低，故對香氣有不良影響，還好的是多數含硫化合物所引起的不快氣味，可藉由長時間的陳化過程使其逐漸散去而改善。

熟成：品賞時間的價值

　　酒熟成作用的原理，大致可歸納為物理作用及化學作用。

熟成作用簡表

物理變化 （澄清安定）	葡萄酒酒中果膠、蛋白質等雜質沉澱，酒石酸鹽析出，酒液逐漸澄清，酒中的乙醇分子和水分子之氫鍵發生聚合作用，使乙醇分子的自由度縮小而柔度增強，結果使口感柔和；且新酒中低沸點之氣味成分如硫化氫、硫醇、丙烯醛及游離氨等，在熟成中自然揮發除去，使得香氣獲得改善。
化學變化 （風味口感提升）	包括氧化作用（oxidation）與酯化作用（esterification）。新酒與空氣中的氧接觸，而發生氧化反應，醇氧化成醛，醛氧化成酸。酒中有機酸和醇產生酯化作用，增加香氣，使新酒醇厚適口，所以酒中總酸、總酯與總醛均有增加。 而酒的熟成作用與一般化學反應相似，與其作用溫度也有相當密切的關係，在一定範圍內，熟成的速度隨溫度上升而增快，然而溫度偏高時會促進氧化，加速酒的褐變、失味，使酒的品質劣化，因此應以適當的溫度進行熟成。 欲使新酒中香氣維持較久，採用低溫熟成；欲去除不愉快的氣味或增加風味，則使用高溫熟成。

　　其他影響酒熟成的因素還包括溼度、容器及時間。

酒熟成的環境以溫差變化小，且比較乾燥的場所（溼度78-80%）為宜，溼度高時，酒桶表面會有黴菌繁殖，太乾燥則酒的減損量較多。熟成時間的差異，可釀出不同形式的酒，且改變酒中的香氣成分，因原料品質或酒的種類而異。

至於容器的選擇應講求密閉性良好，降低與空氣中氧接觸的機會，以阻止產膜酵母的增殖及氧化褐變的發生。另一方面，容器的材質也將影響酒的香氣成分。

水果酒熟成時間的價值圖

外觀　　　　　　香氣

酒貯藏在適當的環境 段時間後，品質趨於穩定，酵 氣味降低，且酒中的揮發性成分起化合反應，使酒中的香味更加圓熟，進而成為具有商品價值的產品。

溫度
緩慢進行為宜，避免導致醛類的急增，醋酸、醋酸酯也會增加，而產生酸敗臭（rancid flavor）等異味。

容器
密閉性良好，降低與空氣中氧接觸的機會，以阻止產膜酵母的增殖及氧化褐變的發生。

溼度
較乾燥的場所（溼度78-80%）為宜

時間
可依喜好自行決定。

時間給予熟成酒液的價值在於外觀與香氣。香氣部分，前述已提及相關的化合物與相關成分。至於如何讓酒液更加澄清，除了上述的「果膠酵素」外，一般大量釀製的果酒，多會添加澄清劑，以維持品質，我們一樣也不建議喜愛居家釀造的朋友另外添加，主要讓閱讀本書的朋友可以初步認識常見澄清劑與其相關原理。

澄清劑種類表

皂土（bentonite）	皂土為一種黏土物質，在水中有膨脹的特性，帶負電荷，它以澄清劑的角色廣泛地被使用來去除果汁或酒中蛋白質。 皂土以細小的平板狀存在，大約1nm厚，500nm寬，平板上為負電荷，而邊緣則呈正電荷，利用正負電平衡或氫鍵來吸附帶電或未帶電之蛋白質，而將其沉澱下來。
明膠（gelatin）	明膠為一種水溶性蛋白質，主要由動物的膠原蛋白（collagen）經水解而來，帶正電荷，在果汁及製酒業中主要用來將單寧或多酚類物質去除。 明膠與單寧或多酚類物質間之結合力量很強，是由於單寧中之酚類羥基與蛋白質中的羧基間發生強大的氫鍵結合，使其生成polymeric protein complex的結果。
聚乙烯吡咯烷酮 （polyvinyl polypyrrolidone）	簡稱PVP，可用來沉澱多酚類物質，在製酒工業上被廣泛應用於白酒色澤之穩定及澀味之消除。
酪蛋白鉀 （Potassium Caseinate）	酪蛋白鉀可作為白酒之澄清劑，及去除酒中的褐變及氧化味。
魚膠（Isinglass）	魚膠是由鱘魚膀胱內膜萃取，帶正電荷，主要用於白酒的澄清，利用其帶正電荷的特性與酒中帶負電荷的物質結合並沉澱，其作用與皂土相反。
斯巴克膠（Sparkolloid）	是一種萃取自昆布之多醣體與矽藻土之混合物，作用與明膠相似，可以去除酒中各類細小懸浮物。
矽膠（Silica gel，Kieselsol）	Kieselsol是一種矽膠，在酒中所扮演的角色不只是把蛋白質沉澱下來，還可以協助將明膠作用完後所殘留的蛋白質-單寧化合物迅速的凝聚包覆。

一同探索更多果酒的芳香輪盤

水果經過發酵成為果酒，除了乙醇讓人感受到甜味、苦味、灼熱感，以及一些舒服與不舒服的氣味，多與上述有著密切的關係。

目前市面上較為人熟悉的果酒為葡萄酒，有關葡萄酒風味的參考圖鑑，可以1990年代正式校定完成的諾伯葡萄酒芳香輪盤（Noble Wine Wheal），其他果酒的芳香輪盤，杯中的世界仍待開發。

領讀至此，對酒精以外的風味產物感興趣，可先以前文提到的成分，進行鑽研，建立自己的品酒芳香輪盤。

chapter 3

啟動果酒的釀酵開關

　　經過了前面的腦力激盪後，從原料選擇，對釀酒酵母的認識，如何營造酵母菌需要的環境（調糖至25°Brix，調酸至pH4左右，提供兼性厭氧的環境），到發酵過程所發生的變化，應該已經大概了解整個釀酒過程需注意的地方，以及每個環節對於釀酒過程影響的層面。

　　為何建議初學者，以葡萄當作初釀選材？因為以葡萄酒釀製時，可直接使用破碎後的葡萄泥或壓榨出之葡萄汁，作為發酵酒醪，不需多做調整，只需找個舒適的環境（約25℃），即可開始繁殖並進行酒精發酵，這是因為葡萄所含有之糖、酸和營養成分剛好符合酵母菌生長所需的條件。

　　然而臺灣是水果王國，有各式各樣的種類，在風味口感上雖各具特色，但要用來釀酒就必須透過適當的調整，才可成為酵母菌喜歡的溫床，順利得到想要釀造的果酒。於此章我們將分享實作的過程，與應注意的地方，一同啟動果酒釀造的開關！

一、釀酒成敗的關鍵

「釀酒成敗的關鍵，清潔消毒是王道！」這句話一點都不誇張，因為釀造是呵護與營造友善環境給微生物的樂園。釀酒環境中，最主要的微生物是屬真菌的酵母菌，應設法讓釀酒酵母菌成為優勢菌種，如環境中有其他微生物，如屬細菌的醋酸菌與之競爭，釀酵成品就可能變成醋。

首先，如何選擇發酵瓶甕呢？我們會建議優先選擇玻璃材質；因為塑膠材質容易有刮痕，每一道刮痕都會是細菌很好的溫床。

所有與釀酵有關的容器、器具與材料，都需先進行清潔，再行消毒。清潔的目的是去除表面的異物殘渣或油脂等成分；而消毒主要是去除表面雜菌微生物，讓釀酒酵母成為優勢菌種，暢酵無阻。

居家釀造的消毒方式有兩種：熱消毒與酒精消毒。釀酵所需的容器與器具，可利用熱消毒的方式，將清潔後的容器置於沸水10分鐘以上即可，瀝乾備用。工作檯面、手及其他會接觸到的材料與器材，可使用75%酒精，進行表面消毒。

清洗  消毒  維持清潔

原物料、容器　　　　　容器　　　　　手部及操作檯面

7大原則
清潔非消毒
消毒非清潔
清潔後消毒
高溫時間長
清潔快又好
消毒適量好
過多易殘留

熱水

75%酒精

清潔消毒示意圖

二、果酒釀造流程—掌握共通原則

　　每種水果均有其特色，但各式果酒釀造的技術與原理是相似的，可觸類旁通，僅需掌握前述共通原則：穩定的釀酒酵母菌，提供偏酸、含糖、微涼、兼性厭氧狀態、乾淨的居家環境，加上多次小型的試驗，一定能釀出喜歡的果酒風味。

　　整個過程如圖示：選擇原料→清洗→前處理（除梗、去皮、切小塊）→秤重→發酵液的調和（酵母、調糖、調酸）→控溫發酵→粗過濾（一次轉桶）→靜置熟成→澄清→細過濾（二次轉桶）→熟成→裝瓶→調配飲用，考量澄清度與風味兩因素，約需三個月至三年品評，但可依喜好自行調整。

水果酒釀造酒過程圖

酵母
調糖
調酸
溫度

採買／清洗／前處理　　　秤重／壓榨　　　發酵7-10天　　　　粗濾／二次發酵　三星期

一個月 品評

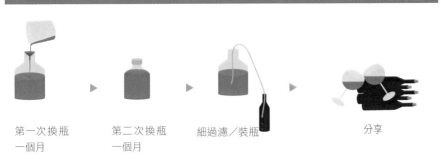

第一次換瓶　　　第二次換瓶　　　細過濾／裝瓶　　　　　　分享
一個月　　　　　一個月

澄清度與風味兩因素主導，約需三個月 ～ 三年品評，但可依喜好自行調整

1、原料選擇與清洗

首先選擇充分成熟、新鮮、無腐敗、無病蟲害，含糖量高、出汁率高的水果。充分成熟的水果糖酸比適當，果香濃郁；無腐敗的水果，則雜菌相對較少，有利酵母菌進行發酵。

如果可以，先對水果做基本成分的分析，可從相關書籍或資料找到相對的數值參考，如總糖、總酸、pH及其他營養成分，這些資訊將有利於判斷發酵前調糖與調酸的比例或分量，以及酵母營養成分的調整。

用清水將水果沖洗乾淨並瀝乾（不滴水為原則），接著準備後續的前處理。

•⊣ 酒藏釀知 ├••••

關於「清洗」的提醒

常見到國外釀葡萄酒時，於採收後就直接進行破碎、榨汁發酵，但有許多水果加工前都需經過清洗，主要在去除水果上的塵土及部分農藥，也可藉由清洗過程挑出腐爛的水果及雜物。

通常分兩階段：首先可用自來水清洗，去除主要雜質，接著再用乾淨的冷開水過水漂洗，以降低微生物的數量。

釀酒的方式因水果而有不同，其中果醪（發酵液）型態對酒的品質影響很大，果肉發酵、果汁發酵、果肉與果皮的處理方式等種種差異，皆會影響水果釀造酒的顏色、風味或口感。

一般水果的前處理是先將果肉與果皮分開，將其切小塊或破碎（果肉發酵／果肉＋果皮發酵），或進行破碎榨汁（果汁發酵）。商業上於榨汁過程會添加SO$_2$防止褐變，然亦有選擇不添加SO$_2$的自然酒。

紅葡萄酒與白葡萄酒的差異

以葡萄酒為例，一般製造白葡萄酒時多半不連皮發酵，僅將黃綠色葡萄果肉進行壓榨，所得果汁補糖後即進行發酵，發酵後的酒精易將皮上的酚類物質萃出，造成白葡萄酒褐變。

而釀造紅葡萄酒時，將紅葡萄除梗後破碎，所得果汁與果渣一起置於發酵槽，接種酵母進行發酵數天，待糖分大致消耗（主發酵期約7-10天）且發酵趨緩時取出汁液，再壓榨果皮部分取汁，將全部汁液合併後繼續進行發酵，待糖分完全被利用後，再進行轉桶、陳化等動作。

因此，紅葡萄酒與白葡萄酒製程的最大不同點，即在於紅葡萄酒是連皮發酵，主要目的為增加果渣與酒液接觸時間，並利用發酵所得酒精萃取果皮的色素及風味物質。

破碎的好處

部分水果如紅肉李破碎後釀酒，色素溶出速度快，發酵次日色澤已夠紅艷，且立即進行除渣後再繼續發酵，所得李子酒具適當果香且嚐味醇順；不過如果浸泡時間過長才除渣進行後發酵，酸澀雜味會較重，品質稍差。

如無經過破碎整顆果實進行發酵者，由於皮厚且有類似蠟質外層，糖漬效果不好，萃出果汁困難，色度亦淡，因此一般家庭釀製李子酒，皆將李子切劃數刀深至核，以利內部果汁與成分溶出，並以一層糖、一層李的方式堆積於發酵容器中，進行發酵。

浸漬的方式與作用

發酵期間，皮汁的浸漬時間與浸漬溫度會顯著影響總酚的含量，而紅葡萄酒中的總酚含量會隨皮與汁液接觸時間延長而增加，且花青素、單寧、抽出物、pH、鉀等含量亦會隨之提高。

紅葡萄酒除傳統連皮發酵外，亦可如白葡萄酒般使用果汁果醪釀製，然而有不易萃取果皮所含物質的缺點，因僅用榨汁無法將所有物質萃出，故為了萃取更多存在於果皮的物質，如色素、酚類或香氣物質等，可增加果皮浸漬的時間，並加熱碎果或添加果膠分解酵素，故目前發展出的釀酒技術，如熱浸漬釀造法（thermal vinification）、低溫浸漬（cold maceration）、二氧化碳浸泡法（carbonic maceration）等，皆對酒中成分及品質有所影響，其中熱浸漬釀造法是居家釀酒容易操作的方式，可試試於不同水果上作用的差異。

若採用熱浸漬釀造法（thermal vinification）需注意，提升溫度可能對酒醪造成雜菌生長或顏色劣變的影響，故欲以加熱萃取皮上物質時，

維持適當溫度或時間極為重要，因增加浸漬時間會造成酒色澤變深，提高皮汁浸漬溫度亦會加深白葡萄酒的顏色，並提高pH值、礦物質及總酚含量。

　　紅葡萄酒製作過程中，有許多利用加熱以提高顏色萃取率的方法，通常將果汁單獨加熱後混入碎果，或果皮與果汁一同加熱，壓榨取汁後再依照白葡萄酒釀製方法進行發酵，所得紅葡萄酒之色澤較傳統方式製者為深，此因酚類物質較多之故，而其他揮發性物質含量也有所差異。

3、補糖／稀釋-調糖

　　我們已經知道——發酵液的糖度將直接影響釀製酒的酒精濃度，如以水果釀造，以臺灣的水果糖度來說，平均糖度約15度左右，如要釀製高於10%酒精濃度的果酒，都必須藉由「補糖」的方式，使其增加至適當的糖度。

　　如以濃縮果汁或蜂蜜等高糖度的原料進行釀造，則需進行「稀釋-調糖」，使其降低至適當的糖度，否則將因高糖的滲透壓對酵母菌造成抑制，無法行酒精發酵。

　　進行「補糖」時，一般使用白細砂糖調整，方便溶解，較不干擾原物料的風味，且可降低會影響發酵過程的變因。

為何選擇白細砂糖

市面上的糖從顏色上可分為白色、深褐色及棕黃色，我們習慣稱之為白糖、紅糖及黃糖，此顏色差異來自於生產原料與技術的不同。製糖原料主要為甘蔗或甜菜，但不論原料為何，都是將其中的蔗糖提取出來，主要成分都是蔗糖，但製作過程去除雜質程度是不一樣的，也就是蔗糖含量是不同的。

白糖的純度通常達95%以上，為此三種糖中含蔗糖最多、純度最高的種類；所以為了補糖較準確，降低雜質影響微生物的機會，以及方便操作溶解，一般選擇白糖為原料。而以白糖為原料再加工的冰糖，口感較白糖清甜，可應用於合成酒的製作。

當我們以糖度計測量、得知水果汁的糖度之後，只需運用下列公式，即可換算得知所需的糖量；如果以市售果汁進行發酵，也可從成分上的碳水化合物得知糖度。

啟動果酒的釀酵開關

$$所需之糖重（g）=$$

$$果汁重量(g)\times \frac{欲配之糖度-果汁之糖度}{100-欲配之糖度}$$

補糖公式表

舉例來說：

Q：有一瓶果汁其糖度為10度，取300ml進行釀造，想將糖度調到25度，該加入多少的糖？

計算式如下：

300×（25－10）/（100－25）

＝300×75 / 75

＝60

A：也就是將60g的糖加入果汁使之溶解，預期可達到25度的果汁。

稀釋──調糖公式

如為濃縮果汁，也可利用稀釋前後溶質莫耳數＝莫耳濃度（M）× 溶液體積（升）相同的原理，得知所需添加的水量。

$$M_1 V_1 = M_2 V_2$$　　　M_1＝原來濃度　　　V_1＝原來體積
　　　　　　　　　　　M_2＝稀釋後濃度　　V_2＝稀釋後溶液體積

莫耳濃度

以1升溶液中所含溶質莫耳數來表示溶液的濃度，稱為容積莫耳濃度，簡稱「莫耳濃度」，常以「M」表之，其單位為莫耳／升（mol／L或M）。

公式

莫耳濃度（M）＝溶質莫耳數（mol）/ 溶液體積（升，L）

＝[溶質質量（克）/ 溶質分子量（克）]/ 溶液體積（升，L）

舉例來說：

Q：假設要把60ml、97糖度飲料，稀釋為22糖度，需加多少水？

97 × 60 = 22 × V2

=> V2 = 97 × 60 / 22

=> V2 = 265

A：將V2 - 60就是所要加入的水量，也就是加入205 ml即可降到所需的糖度。

4、調酸

適當的酸平衡對於釀酒過程來說十分重要，於微生物的角度，酸度太高會影響酵母菌的生長，延緩發酵時間，酸度太低，發效果醪又容易遭受汙染，不易讓酵母菌形成優勢菌種。

釀造果酒前，最好將果汁的pH調整到最適的範圍「4」左右，pH太高對於抑制雜菌的生長及果酒品質的維持都不利。

除了酸度特高的水果如檸檬、梅子、金香葡萄、黑后葡萄外，多數水果都可利用檸檬汁來提高酸度；一般來說，1公升的發酵液，加入半顆檸檬就可以接近所需酸度。如需更為精準，可利用酸鹼滴定的方式，分析發酵液的總酸，再利用添加蘋果酸或檸檬酸進行調整。

反之，如遇較酸的水果如梅子或金香葡萄，則須進行降酸處理，雖然加水稀釋或補糖是最簡單的方式，但需注意的是——稀釋導致口感變淡薄，補糖導致膩的結果。

其他降酸的方式

a.中和法1

中和法是在果汁或酒中加入適當的鹼性化合物,使其和果汁或酒中的檸檬酸或酒石酸中和。常用的鹼性化合物有碳酸鈣、碳酸鉀、氫氧化鈣。最常使用者為碳酸鈣(calcium carbonate),以中和酒石酸為例,其反應如下:

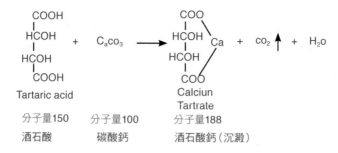

Tartaric acid		Calciun Tartrate
分子量150	分子量100	分子量188
酒石酸	碳酸鈣	酒石酸鈣(沉澱)

酒石酸鈣會沈澱下來,碳酸會分解為二氧化碳及水。理論上,每升果汁或酒添加0.67g 之碳酸鈣,可降低0.1%之可滴定酸度。此種方法可降低可滴定酸,且對pH值的改變不大。

b.中和法2

混和酸度較低的水果進行釀造,或製成酒後再進行勾兌處理。

c.微生物降酸法

亦即所謂的蘋果酸乳酸發酵。(詳見P84)

5、釀酒酵母的添加

　　水果果皮上常存在著許多野生酵母，只要在適當的糖度與酸度下，即可進行自然發酵，但這樣的方式相對容易受許多因素的影響，如雜菌汙染、酵母不具酒精耐受性、產生的香氣不如預期、不具溫度耐受性等，導致發酵過程延緩或中途停止發酵，釀出低酒精濃度、甜度過高的酒。

　　所以我們傾向選擇釀酒用的商業乾酵母來進行發酵，除了能夠釀出較好風味的酒之外，發酵完後會形成顆粒狀沉澱，緊密地存在發酵桶底部，增加轉桶過濾的方便性。

酵母該添加多少

　　商業乾燥酵母是經由冷凍乾燥後保存，於酵母的活性及發酵的穩定度與能力都較有保障。其酵母菌量每公克約達10^{10}細胞，所以用量很少，約每公升發酵液只需0.5g的用量，不過實際操作時仍須依廠牌說明微調。

　　一般來說，乾燥酵母需要先加入適量的溫水進行活化，待確認其活力正常後，再加入發酵桶開始發酵。先在溫水中進行復水與活化，約20分鐘左右，即可看見明顯產氣的狀態，即表示具有活性，此外，可適時地添加酵母營養物，以利發酵過程完整，酒精產率增加。

酵母活化

　　將0.5g乾酵母（與營養粉）加入20ml糖水（約5°Brix）水拌勻，於35℃發酵箱（或溫水）靜置約20分鐘，可用於1公升發酵量。（作法參見P78）

6、發酵過程照顧—攪拌

當酵母加入後，代表發酵準備啟動，大約可分為三個階段（參考P74「微生物生長曲線圖」）：發酵前期、主發酵期及發酵後期。此過程的變化，可透過觀察二氧化碳產出的速度（冒泡泡的程度），也可透過糖度計的觀察紀錄，得知主發酵的終點（參考P79「糖與酒精的變化圖」），於發酵初期約（7-10日），每天早晚都需照顧，觀察是否正常啟動發酵，如發現不正常發酵，即可試著找出原因，做出應變。

照顧／攪拌：保持酒帽沉入酒液面下

果酒發酵時，果渣會被發酵過程中產生的CO_2推擠，使其漸漸浮起形成酒帽（cap），在大型發酵桶之酒帽可達數尺，由於皮渣緊密聚集造成散熱困難，溫度可較酒液高約5℃以上。此外，酒帽暴露於空氣，易受到醋酸菌或黴菌的污染，可能會造成發酵中止而影響品質，若為密閉式發酵槽則可加插發酵鎖（Air Lock / fermentation lock），能排出CO_2並防止雜菌進入，使果醪較為安全。然而在發酵過程間仍應以攪拌或其他可行的方式，使酒帽沉

入酒液面下，以確保其品質，避免酒帽表面與空氣接觸發霉。

7、轉桶—避免發酵桶中失活酵母與果渣影響風味

　　酵母嗜糖成酒精的發酵過程約莫7-10天，若發酵過程完整，多數已成了果渣與失活的酵母，會影響酒液風味，因而需要過濾，將相對澄清的液體轉移至其他乾淨消毒過的瓶罐，進行後熟（後發酵）。

轉桶的提醒

　　黏稠度低的酒醪：如葡萄、蘋果、鳳梨，可以濾布進行壓榨過濾，增加產量與成分的萃取。
　　黏稠度高的酒醪：如火龍果，可以濾網過濾，使酒液自然流下，減少操作的困難度。

8、後熟／後發酵—色香味具備的提案

　　後發酵期間約三個星期，可以讓風味更圓潤，酒液更澄清。剛過濾出來的酒液仍然有殘糖的可能，會持續產氣，所以發酵瓶蓋仍不要完全密閉鎖緊，或可善用發酵閥（Air Lock）的特性，達到密閉又不怕爆瓶的危機。

　　經過第一次轉桶後，即開始進入後熟階段。就前述所及熟成（aging）作用，會產生物理與化學變化，產生澄清安定與提升風

味口感之效。第一次轉桶後，可能因為喜愛當下的風味，這時候就直接品嚐完了；但不妨讓酒液持續靜置，沈澱物會續現，澄清度提升，建議再進行第二次轉桶，也有朋友在這個階段分享飲用，有的則會持續後熟，慢飲緩品，註解時間與風味間的關係。

9、滅菌裝瓶

殺菌的目的——殺死微生物及破壞酵素，表示發酵終結。在不損害維生素等營養成分及風味的原則下，儘量以最低限度的加熱溫度及時間進行殺菌。

加熱殺菌的方式，在1478年的日本即有相關記載，這樣的過程被稱為「火入」或「煮酒」，是為了防止酒腐敗。十九世紀末，巴斯德發明了低溫殺菌法，被稱為「巴斯德殺菌法」（Pasteurisation），使葡萄酒得以大量生產製造。

巴斯德殺菌法有兩種類型，一種是採用63℃加熱至少30分鐘的「低溫長時間殺菌 」，另一種則是常用的「高溫短時間殺菌」，加熱的溫度約為72℃，時間至少15秒。實際應用上，會依殺菌的目標略有調整。

一般家釀的量不多，可以自行斟酌是否要執行此步驟，如想要裝瓶餽贈友人，建議使用窄口瓶，盡量裝滿，以杜絕空氣的接觸面。若還是期待能居家殺菌，可於裝瓶後，以攝氏65℃，維持至少30分鐘，進行滅菌；也可將發酵好的果酒於裝瓶前以過濾機進行無菌過濾，過濾後的酒應清亮透明有光澤。

巴斯德滅菌法

第一階段：裝瓶

　　將新釀製好的果酒裝入酒瓶八分滿，加熱後體積會增加至瓶口（避免溢出）。

第二階段：煮水

　　煮水至小泡泡產生，此時約70℃，轉至最小火維持溫度即可。

第三階段：滅菌

　　將果酒放入熱水中，瓶蓋微微鬆開，加熱30分鐘。約15-20分鐘左右，酒與水的溫度漸漸達到平衡，即可熄火、鎖緊瓶蓋，再放10分鐘，取出放涼。

10、探索與調配

　　我們鼓勵朋友們成味蕾的探索者，打開欣賞純釀酒液的細微感官，鑑別純釀酒款討喜的滋味，勾兌自己喜愛的五感，像是將紅龍果冰沙調入紅龍果蒸餾酒，酒醇果香相得益彰，又或者在金棗酒加入金棗果醬與氣泡水，觸動嘴唇酥麻與味蕾酸甜。

　　水果酒的世界中，以葡萄酒的普遍性最高，世界各地對葡萄酒品質的要求也不盡相同，與各區域人民的飲食文化、習慣及喜好有關係。風味調整的決定性因素是成品的糖酸比，應考慮果實的風味特徵，成品的特殊要求，與不同地區、消費群體的口感來做適合的調配。

　　如前述所提，純釀果酒較為酸爽，對於偏好甜酒的朋友而言，較難接受，可於飲用時，適時添加糖來調整口感，或者嘗試勾兌果汁或其他果酒，以符合每個人不同的喜好。

　　整個過程都走完了，還記得多少呢？沒關係，藉由下圖再回顧一下，準備動手開始釀造囉。

釀酒成功關鍵提醒

選果、處理

採買：依選果原則挑選適當喜歡的水果
清洗：將水果表皮上的粉塵泥土發霉處處理乾淨
前處理：所有加工的動作，習慣以**75%酒精保持清潔**。

▼

釀造日

秤重：依容器大小，以**不超過8分滿**為原則的水果量。
壓榨：目的為增加表面積，增加原料的利用率；
以小塊但不用糊／泥化為原則

▼

主發酵過程

7-10天：每天賦予愛心觀察，攪拌**酒帽入酒液**（早晚）
注意清潔，酒精消毒！
偷聞酒香時，避免呼氣入酒甕！
約一星期左右可發現冒泡減少或停止表示可進行轉桶

▼

一星期後

第一次換瓶（轉桶）後靜置三星期
　　以濾布（沸水煮10分鐘，擰乾）進行榨汁
　　以濾網（沸水煮10分鐘，擦乾）進行濾汁
　　　　　　↓
　　倒入洗淨無菌的酒甕，上蓋（不完全密閉）→靜置（三星期）

▼

一個月後

第二次換瓶後靜置一個月
　　取上澄清酒液即可品嚐，
　　如覺得風味不佳可再轉桶後靜置（密閉）一二個月再品嚐。

第二節　來釀水果酒

臺灣四季皆有豐富果物，是土地給予我們特有的禮物，得以釀品酵嚐各種果酒滋味，而微生物賦予人們五種官感，外觀、色澤、香氛、滋味，以及發酵熱烈的聲響，滋味有時則深藏在「意料之外」。釀造，是接手農民手上呵護的珍寶，除了品嚐果實的滋味外，更能進一步透過發酵釀造，量身酵念。

到目前為止，已有超過百位友人一起與我們接手釀酒，釀造超過二十多種水果，其中又以夏時果實較受歡迎，像是芒果、荔枝、百香果與鳳梨，都是味道濃郁、鮮明，偶有酸香的水果。蘋果、水梨、葡萄與蜂蜜酒亦是很受歡迎的純釀果酒，其中蜂蜜的糖度很高，糖度若太高會抑制酒精酵母發酵，因而要如何將蜂蜜調整為適合釀酒的糖度，是相當重要的。

用「果肉」還是「果汁」來釀酒？

釀造果酒的原物料型態，可分為「果肉」與「果汁」。其中果肉發酵又分為帶果皮與不帶果皮的果實，帶皮果肉像是蘋果、水梨、梅子、葡萄、棗子、紅肉李、金棗、水蜜桃等，簡單而言，就是我們會連皮食用的水果。果汁釀造，建議選擇高糖度、高酸度或高榨汁率的食材，即適合以果汁方式發酵，像是檸檬、百香果、蜂蜜、樹葡萄與葡萄等，可參考下列釀果酒之食材粗略分類。

發酵食材形態		建議食材
果肉／果實	帶皮	蘋果、水梨、紅肉李、葡萄、金棗、水蜜桃、芭樂、蓮霧
	去皮	芒果、鳳梨、荔枝、火龍果、龍眼、柚子、葡萄、哈密瓜
果汁／液體		蜂蜜、百香果、檸檬、葡萄、樹葡萄、柳橙、甘蔗、椰子

　　由上所述，有發現哪個水果橫跨果肉帶皮、果實去皮以及果汁的形態嗎？答案就是「葡萄」。一般所見紅酒是帶皮葡萄釀造而成的，白酒則是壓榨後單純取果汁進行發酵，再加上前文多次出現「阿嬤釀酒法」提及的水果也是葡萄，若要嘗試釀酒，絕對不能錯過這款經典。

　　果實去皮的形態，就字面上能理解：去除果皮後，留用果肉發酵。以果肉帶皮的形態釀造，則需要經過「殺菁」程序，以營造友善發酵的環境，以下選用廣受喜愛的蘋果酒作為示範選題，可參考並應用於其他果肉帶皮的發酵形態。果汁／液體的發酵，預計蜂蜜與檸檬為例，恰好是高糖度與酸度高的代表，亦可應運於相似特質的食材。

　　接下來，一起啟動果酒的釀酵開關吧！

果酒釀製的方式

依果實處理方式分成幾種建議的方式，釀造者也可交叉組合，釀出自我風格的果酒。

糖質類發酵	水果發酵	❶ 原果破碎發酵→**葡萄**
		❷ 果：水＝6：4釀造方式 帶果皮者需殺菁→**蘋果**
		❸ 熱萃取釀造方式→**火龍果**
	果汁發酵	❹ 糖稀釋發酵→**蜂蜜酒**
		❺ 酸稀釋發酵→**檸檬酒**

原果釀造
葡萄酒

以果酒來說，葡萄酒算是最普遍，也最適合初釀酒選用。因葡萄的糖度、酸度與微生物的狀態，非常接近釀酒所需的條件，且整個釀酒過程相當完整，相信只要釀過一次後，對酒的發酵就不那麼陌生了。其中破碎的步驟若改為榨汁，即為白葡萄酒釀法。

選果提醒
選擇香氣色澤濃厚、且糖度高有酸味的品種，避免過生或過熟（有出汁長霉的狀況）的葡萄。可於夏季與冬季選擇黑后品種來釀紅酒、金香葡萄來釀白酒。當然市面上常看到的巨峰葡萄釀出的紅酒也別有一番風味。

其他適用水果
多汁、易壓榨的水果類型，如鳳梨、西瓜、水蜜桃、李子。

ingredients

葡萄	1000g
砂糖	50g
釀酒酵母	0.5g
櫻桃瓶	1個
過濾布	1條
75%酒精	

清潔與消毒 ●

1.雙手、桌面與發酵瓶蓋皆須消毒,可使用75%酒精噴灑後拭乾,待酒精揮發完,備用。

清洗水果 ●

2.以乾淨的水沖洗葡萄表面的灰塵,若有過熟或破損的部分,建議去除。

● 先行清洗,瀝乾後才進行除梗破碎,以減少髒水進入果肉的機會。

去梗

3. 可用手將果實與蒂梗分離。

● 除梗目的：主要避免梗中的丹寧物質進入果汁，影響酒的風味。

入發酵瓶

4. 去梗步驟後，可直接將葡萄放入發酵瓶。

● 果實的形式（全果、碎果帶皮與否），果汁將牽連著發酵的結果，紅葡萄、李子常以碎果形式發酵，以萃取果皮中的色素、單寧，增加酒的風味，然如白葡萄則是以果汁發酵，避免種子或皮內的物質流出而影響風味。

● 若想釀造白酒，可單純以破碎壓榨後的果汁進行發酵。將葡萄先以手或壓榨機器進行破碎，倒入濾布濾出果汁；避免用果汁機打，以免將葡萄籽破碎影響風味。

破碎

5. 確認果肉到達預期重量後，以手捏碎果肉榨汁。

測糖度與調糖

6.取果汁測糖度,並依據預期酒精度計算調糖的劑量,將糖量加入發酵瓶。

活化與添加酵母

7.如無法確認酵母活性(當酵母已開封一段時間),建議可先透過活化酵母的方式(請參考**P78**)確認其活性,以提高發酵成功率,確認活性後,再行添入發酵瓶。

● 釀酒酵母的添加

雖然水果皮上存在的天然酵母可以進行自然發酵,但容易受到許多因素的影響,如清洗、去皮等加工,將減少野生酵母的數量,或其他野生雜菌的競爭,使酵母無法順利進行發酵。故為了提高釀造成功的機率,可額外添加商業挑選過的釀酒酵母,以得到高酒精度,風味良好的成品。

*8.*將糖、汁液、果實等攪拌均勻,攪拌後,糖應無法全數溶解,只消待時間即可交融。

*9.*為避免異物落入發酵瓶、影響發酵品質而上蓋,因發酵會產氣,蓋子請勿旋緊。

● 主發酵期攪拌的目的

因發酵過程會產生熱,發酵醪的溫度會上升,一但上升到某一階段,會使發酵停止,甚至產生較多的不好香氣(含硫化合物)。特別是多數的水果酒常以碎果來釀造,更需於發酵初期(產熱多的發酵期)進行攪拌,以降溫。

另發酵過程會產生許多二氧化碳,加上於高比重的糖水中,很容易形成酒帽浮在表面,如長時間沒攪拌,使酒帽入液面下,將容易造成發霉現象。另外攪拌還可降低發酵醪中的二氧化碳含量,有利酵母菌的生長,且適當的氧氣進入亦可維持酵母菌的數量,已達完整發酵。

10.每天觀察酒帽分布的情形與冒泡的程度。

11.待酒帽下沉時即可進行粗過濾,行後發酵。

● 發酵環境的溫度影響

發酵速度的快慢與溫度有著很大的關係,通常以25℃較適合(也符合一般室內空調的溫度),因此家釀不太需要溫控設備,亦即將發酵瓶放在家中最舒適的空間即可,如高過30℃發酵力將降低,40℃的高溫時有可能停止發酵。有些商業酵母可耐低溫(4-10℃)發酵,低溫發酵所產生的酒精較純,較具果香;高溫發酵,酒的純度亦受影響,成品的味道也較複雜多元。

釀造者可依釀造的水果種類來控溫發酵,如白葡萄酒的發酵溫度較紅葡萄酒低,通常於16℃下發酵,如此可保留較多的果香,釀造出清香的酒品;而梅子釀造酒則是25℃的發酵溫度優於16℃。

12. 以濾布榨汁過濾，
轉入乾淨的瓶子行後發
酵，此階段仍持續發
酵，請勿旋緊瓶蓋。

● 果渣過濾（轉桶）的目的

主要去除酵母、果渣及不溶性鹽類。發酵醪中如含有太高不溶性的固形物（沉澱物），容易造成發酵醪的氧化褐變，亦有雜味產生，因此在主發酵完後（7-10天左右），應盡快進行粗過濾，減少氧化褐變的機會與含硫物質，使釀成的水果酒較具清新果香。然而前期的固形物存在也有其作用，太早去除會降低發酵醪中的含氮物質，影響酵母的活動，使發酵延遲，於口感上也相對單薄。

13. 約莫2-3週，酒液開始變得澄清，取上層清澈酒液即可品嚐。若想使之繼續後熟，建議將上清液轉入較小的瓶子，避免過度氧化。

果：水＝6：4釀造
蘋果酒

一般來說，以水果原料釀造的果酒，都稱為水果酒，英文稱「wine」，但因葡萄酒的歷史及市場佔有率太大了，所以不是葡萄釀製的果酒都稱為「fruit wine」。但有個例外，以蘋果為原料釀製的不稱為fruit wine，而是大家常聽到的「cider」。

下面以蘋果酒的釀造為例，帶大家了解殺菁、切塊、加水的比例在水果酒釀造上的應用。

選果提醒
• 未上蠟的蘋果，優擇；若果皮上蠟，建議削皮，帶果皮者需殺菁。

其他適用水果
• 不易壓榨適合帶皮釀造的水果：水梨、柿子、紅肉李、金棗、芭樂、水蜜桃、蓮霧、荔枝（殺菁後去皮）等；得視果皮的薄度與脆弱程度，越脆弱越需要縮短殺菁時間。
• 甜瓜、哈密瓜、香瓜等可取果肉加一定比例水釀造。

ingredients

蘋果	600g
砂糖	170g
開水	400ml
釀酒酵母	0.5g
櫻桃瓶	1個
過濾布	1條
75%酒精	

清潔、消毒與清洗

1. 雙手、桌面、水果刀、砧板與發酵瓶蓋皆須消毒，可使用75%酒精噴灑後拭乾，待酒精揮發完，備用。將蘋果表面灰塵與髒污洗去，若果皮有上蠟，可於此階段削去。

殺菁

2. 煮開一鍋水後，將蘋果置入，藉滾動的水將果實凹陷處的灰塵滾而帶出，並完成表面殺菌，滾煮約60秒。

● 殺菁為果實預熱處理的動作，一般殺菁於90℃滾煮30秒，殺菁過程中，醣類、鹽類、蛋白質、維生素B1、B2、菸鹼酸等可能損失10-20%，維生素C可能損失1/3。

● 殺菁的重要目的：
1.使果實質地軟化。
2.脫氧。
3.抑制氧化酵素，使果實不容易褐變。
4.去除不良氣味。
5.降低野生酵母及其他微生物的生長，以利優勢菌群生長。

切塊去核

3. 為能讓果肉完整發酵，建議以切小塊、均勻、不糊爛為原則。

蘋果果核可能有發霉的狀況，有時肉眼無法判斷，加上果核部位的榨汁率低，建議將果核去除。

入發酵瓶

4. 確認本次發酵所用的果肉量後，即可放入發酵瓶。

5. 依照喜好的濃度補水。一般以果實為釀造原料。

6. 取果肉擠出汁液測糖度，並依所預期的酒精度計算補糖的量。

7. 擠半顆檸檬至發酵瓶，若檸檬籽有破損的情形，建議挑除，以免產生苦味。

● 加水的比例可調整

釀製水果酒時，添加水分有時是為了稀釋降酸，有時則為了增加產量。但其實加水稀釋可讓果酒香氣更被凸顯，不見得用原汁就會有較好的結果。依筆者經驗，以水果與水的比例＝6：4來釀造，多數都可得到不錯的結果；水需使用可飲用潔淨的水。

● 調酸：使pH降至3-4左右，每公升加半顆檸檬（約30ml）即可。

● 若水果本身酸度太低，如荔枝，除成品的口感不平衡外，發酵中易受雜菌汙染，造成發酵失敗，故家釀常用檸檬汁來提高發酵醪的酸度；反之，若水果酸度太高，如梅子、李子、檸檬、釀酒葡萄（金香或黑后葡萄），需經適度稀釋來降低酸度，以利發酵進行。

活化與添加酵母

8. 藉由熱水浴或具有發酵功能的電器用品進行活化,確認活性後,再添入發酵瓶。

● 為提升釀造成功的機率,活性乾酵母在使用之前會加水進行活化,使酵母吸取足夠的水分來穿越細胞膜,重新啟動它們的新陳代謝。

● 糖是酵母的食物,能供給酵母菌營養,使酵母菌進行代謝,活化後的酵母菌會開始消耗細胞內儲存的糖,於此部分添加適量的糖,可維持酵母的活性。因此計算好活化的操作時間,於活化後盡快加入發酵液中,避免糖分消耗殆盡、降低酵母菌的活性是非常重要的。

● 並且於此過程,加入一些糖可進一步明顯觀察到這些酵母在復水後是否還具有活性(看到冒泡的現象)。

攪拌

9. 待上述程序完成後,將糖、汁液、果實等攪拌均勻。

10.為避免異物落入發酵瓶，影響發酵品質而上蓋，因發酵會產氣，請勿旋緊。

11.發酵的過程，觀察外觀酒帽的變化或氣泡的強烈程度，可當作主發酵是否終止的指標，當氣泡已經不易觀察，且果肉沉浮在瓶子的中間時，即可準備進行轉桶過濾。

● 於發酵過程中該注意的就是環境溫度，一般維持在25℃左右最適合酵母菌進行發酵，如溫度太高又無法透過空調來控制的話，可將瓶子放入一盆水中，達到降溫的目的。

過濾

12. 以濾布將酒液過濾出來，倒入另一個消毒乾淨的瓶罐中。

● 使用的濾布需以沸水煮沸15分鐘後，放涼擰乾再使用。

● 用濾布壓榨的方式可榨取出較多的成分與酒液，以增加產量，但如遇到一些水果為泥狀或黏稠狀的，可改用不鏽鋼濾網，使酒液以自然流出的方式進行過濾即可，雖對產量來說有些損失，但可大大增加此步驟的效率。

後熟

13. 轉桶後即進入後熟的階段，主要目的在於澄清與風味的熟成。

● 此階段發酵仍持續進行著，所以瓶蓋要微鬆，或以Air Lock來達到密閉的效果。

● 如果手邊有各式大小的瓶子，建議將過濾出的酒液盡量裝滿至瓶口，以降低酒過度氧化的現象。

熱浸漬釀造 火龍果酒

火龍果的果皮顏色相當漂亮,加入適當比例,即可釀出粉紅酒,於此,我們以白肉火龍果為例,採用熱浸漬釀造法(thermal vinification),這種方式是為了萃取更多存在於果皮的色素、酚類或香氣物質⋯⋯等。

但提升溫度可能對酒醪造成雜菌生長或顏色劣變的影響,故欲以加熱萃取皮上物質時,需維持適當溫度或時間極為重要,因增加浸漬時間會造成酒色澤變深,提高皮汁浸漬溫度亦會加深酒的顏色,並提高pH值、礦物質及總酚含量。

選果提醒
· 火龍果盡量選擇大顆的,果肉與果皮的比例接近＝3：1為優選。

其他適用水果
· 不易榨汁的漿果類:如草莓、桑椹、蔓越莓適用。
· 柑橘類:如橘子、柳丁、金棗、柚子的果皮可另外糖漬,依需求添加果皮比例或熱萃取汁液發酵。

ingredients

火龍果(果肉：果皮＝3：1)	600g
砂糖	280g
熱開水	600ml
釀酒酵母	0.5g
櫻桃瓶	1個
過濾網	1個
75%酒精	

清洗與去皮、切塊

*1.*雙手、桌面、水果刀、砧板與發酵瓶蓋皆須消毒，使用**75%**酒精噴灑後拭乾，待酒精揮發完畢，備用。火龍果洗去表面灰塵與髒污，接著去皮、切塊。

*2.*將紅粉色果皮剪成塊狀。

3. 果肉與果皮處理成適
當大小。

4. 確認本次發酵所用的
果肉與果皮量後,即可
入發酵瓶。

5. 沖入600ml滾水,以
萃取果皮上的天然染
料。

測糖度與調糖 ●

6. 測出果肉糖度，以補糖公式算出需要的糖量。

調酸 ●

7. 1公升的發酵液約添加30ml檸檬汁，即刻降低pH至4左右，以利酵母菌進行發酵。

添加酵母 ●

8. 待發酵液溫度下降後（手摸瓶身不燙手，以不超過40℃為標準），再將活化後的酵母添入發酵瓶。

● 補糖計算

600 ml的水，糖度調到25°Brix需加多少糖？

600×（25-0）/（100-25）＝200g

（補糖公式請參考P118）

600g果肉（11°Brix）調到25 Brix需加多少糖？

600×0.7（榨汁率：由經驗值得知）＝420

帶入補糖公式：

420×（25-11）/（100-25）＝78g

此步驟所需加入的糖共200g＋78g＝278g（可抓約280g）

● 榨汁率：每種水果的實際榨汁率略有差異，可透過小量的試驗得知。

● 一般來說，活化酵母約需20-30分鐘左右，故酵母活化的操作時間可在發酵液都快準備好時再開始，活化好後馬上加入發酵液中準備進行發酵，以確保酵母的效力。

*9.*蓋上瓶蓋。

● 此部分我們選用了不同的玻璃瓶罐讓朋友們參考,有別於櫻桃瓶(螺旋蓋),此上蓋與瓶身中間有個墊片,可達到密閉的效果,但因蓋子與瓶身並無透過夾具等設備將其扣住,所以當內部壓力太大時,氣體是有機會往外面跑的,不會造成爆瓶的危險。

發酵過程

*10.*發酵過程最重要的就是溫度控制,特別是火龍果的顏色成分─甜菜甘,很容易因為高溫造成不穩定,而讓漂亮的粉紅色轉為褐色,所以盡量維持在25℃下的環境進行主發酵。

過濾

*11.*將酒液果肉濾出。

● 因火龍果的果肉比較黏
稠，故選擇用不鏽鋼濾網取代
濾布進行轉桶，以增加效率。

換瓶

*12.*倒入消毒過的瓶罐
中。

● 做完粗過濾後仍有些果渣
與火龍果的種子會穿過濾網，
當倒入熟成的容器時，會捨棄
掉一些底部的沉澱物，因過多
沉澱物會在後熟的過程中影響
酒的風味。

後熟

13.過濾完後即進行約三個星期的靜置後熟，此階段建議可移放置冰箱，以維持火龍果漂亮的顏色。

● 火龍果色素和甜菜色素一樣，存在大量的甜菜甘。甜菜甘分成兩大類，一類為betacyanins紅色色素，目前被鑑定出的約有50種，另一類為betaxanthins黃色色素，目前被鑑定出的約有20種。在betacyanins色素中以betanin色素為主，約佔75-95%。

● betalain之安定性會受到光線、溫度、氧氣、pH值、水活性及金屬離子等因素影響，特別是溫度的影響極大，這些不安定因子為火龍果酒顏色難以保存的原因，故建議主發酵結束後，可放入冰箱進行後熟，以維持漂亮的粉紅冰酒。

草莓酒釀製的應用

熱釀漬釀造法（thermal vinification）

這種釀造方式，是為了萃取更多存在於果皮的物質，如色素、酚類或香氣物質等。

$$600g \times 0.7 = 420（草莓汁）$$

草莓汁調糖 $\quad 420 \times \dfrac{25-7}{100-25} = 100$

開水調糖 $\quad 600 \times \dfrac{25-0}{100-25} = 200$

$$100 + 200 = 300$$

③調糖：依補糖公式計算，控制在25°Brix以內

④調酸

①草莓一份：600g，約7°Brix

發酵液準備

發酵7~10天

⑤活化酵母添加

②熱水一份：600ml

⑥轉桶／靜置／分享

二、果汁釀造酒

　　由下圖可看出，與水果原料釀酒相比較，以果汁釀酒少了最耗時的原料前處理，及轉桶過濾果渣的過程，是不是覺得輕鬆許多呢？

用果汁釀酒的好處：

1. 可以釀造各產區的水果酒，只要取得進口的濃縮果汁即可釀造。
2. 省去水果加工前處理步驟。
3. 相對較少的沉澱物。
4. 市售果汁皆經過滅菌，無野生酵母，酒的品質容易控制。
5. 多樣性選擇，例如綜合果汁，或其他特色飲料，都可釀造成個人喜好的酒精飲料。

　　雖說原料發酵液的型態不同，但對於發酵液的調配概念都一樣喔，準備開始動手吧。

果汁釀造酒過程示意圖

市售果汁
濃縮果汁
自製飲料

自選飲料

插上Air Lock
酵母
調糖
調酸
溫度

發酵3-10天

品嚐分享

糖稀釋發酵

蜂蜜酒

蜂蜜是蜜蜂採集回來的花蜜，經蜜蜂的酵素轉化，再經釀製和熟陳過程所形成的自然糖漿，一般都加水稀釋後飲用，但因蜂蜜所含70%以上醣類大多是果糖和葡萄糖等單醣，除了直接食用外，亦是發酵釀酒極佳的原料，釀成蜂蜜酒也相當討喜。於釀造方式來說，主要帶大家了解濃縮果汁的釀造方式。

選果提醒

蜂蜜酒釀製可能產生的問題：

• 所需發酵時間長

因原料中缺少氮源之故，可藉由加入營養粉改善，或以果汁來稀釋增加酵母所需的養分，以利發酵。

• 不易澄清

若擔心酒液混濁，或可透過前述巴斯德殺菌的方式，先將稀釋好的蜂蜜加熱，除了可以改善澄清問題外，也可加速發酵的速度，因蜂蜜中有很多的野生酵母。

其他適用果汁

濃縮果汁均適用，主要關鍵在於將糖稀釋到適當糖度＝22-25度。

ingredients

蜂蜜	60g
開水	205ml
檸檬	半顆
玻璃瓶	1個
Air Lock	1個
75%酒精	

*1.*消毒發酵過程的用品
與環境，像是發酵瓶、
桌面、湯匙等。取出適
量的蜂蜜。

清潔消毒、取出蜂蜜 ●

加入飲用水 ●

*2.*加入約蜂蜜量的3-3.5
倍水稀釋、調合。

● 濃縮液稀釋　稀釋前後溶質
之莫耳數相同

↓

此部分加水的量是以前述濃縮
液稀釋的公式進行換算而得。
$M_1 V_1 = M_2 V_2$
M_1＝原來濃度　V_1＝原來體積
M_2＝稀釋後濃度　V_2＝稀釋後
溶液體積

此示範取60g（碳水化合物為
97%）的蜂蜜，預計將糖度稀
釋到22 Brix，需加多少 ？
算式如下
$97 \times 60 = 22 \times V_2$
→ $V_2 = 97 \times 60 / 22$
→ $V_2 = 265$
將 V_2 60 就是所要加入的
量，也就是265-60＝205（約
蜂蜜重量3.5倍的水）

再舉個例子，如果取用90g蜂
蜜（碳水化合物為81%），需
加多少水？
算式如下
$81 \times 90 = 22 \times V_2$
→ $V_2 = 81 \times 90 / 22$
→ $V_2 = 331$
331－90＝241（約蜂蜜重量3
倍的水）

↓

所以如果以一般市售蜂蜜進行
釀造時，約加入3-3.5倍的水
來進行稀釋。

調酸 ●

3.榨出半顆檸檬汁，添入發酵瓶。

● 加入檸檬汁的量，一般約1公升發酵加入30ml。

活化與添加酵母 ●

4.確認酵母活性後，再行添入發酵瓶。

5.閂上Air Lock或上蓋。

發酵過程 ●

6.發酵中可打開攪拌。

● 雖然以Air Lock的器具進行發酵，沒有爆瓶的危險，且果汁型態發酵又無明顯的酒帽浮在上頭，但過程中仍可打開瓶蓋以湯匙攪拌一下。除了使酒帽入液面下，防止造成發霉外，攪拌也可降低發酵瓶中的溫度、發酵醪中的二氧化碳含量、讓適當的氧氣進入，此些變因都有助於酵母菌的生長，已達完整發酵。

享用 ●

7.以果汁型態發酵因無大量沉澱物，在不過度晃動的狀態下，直接倒出，很容易就可得到澄清的酒進行品飲。

● 如果想要繼續進行後熟，記得看到明顯沉澱物時，即可再次進行轉桶，這時酒液已達最好的品質。

酸稀釋發酵 檸檬酒

適當的酸平衡對釀製酒的過程十分重要,於微生物的角度上,酸度太高會影響酵母菌的生長,在此以檸檬酒為例子,帶大家了解稀釋果膠的做法。另此概念也可應用於梅子釀造酒的應用。

其他適用果汁
百香果汁、梅子汁。

ingredients

（以25度糖水進行酸的稀釋）

檸檬汁	100ml	Air Lock	1個
25度糖水	300ml	75%酒精	
玻璃瓶	1個		

消毒與清洗

1. 清潔與消毒環境及用具。

● 除了桌面與手部的清潔外，檸檬也要清洗乾淨，降低擠壓過程汙染的機會。

取用檸檬果汁

● 榨出需要的檸檬汁時，若遇到破碎的檸檬籽會產生苦味，應去除。

2. 榨出需要份量的檸檬汁。

3. 加入檸檬汁3倍份量的25度糖水進行稀釋。

添加活性乾酵母，酵母營養粉

4. 當我們確認所使用的活性乾酵母是具有活性時，可直接加入調配好的發酵液使用。

● 因酵母菌種與來源不盡相同，可參考菌種的說明書，來判斷是否需額外進行活化或可直接使用。

攪拌均勻

5. 加入酵母後攪拌均勻。

● 此步驟我們使用活性乾酵母直接進行發酵，並未於事前先活化，所以加入發酵液時，應充分攪拌均勻，使酵母菌順利復水而活化，啟動發酵的機制。

Air lock準備／上蓋

6. 記得補水

● Air Lock主要是利用水封的概念來達到發酵瓶內密閉的效果，所以使用時記得加入適量的水分，一般水位約落在Air Lock中間的位置，不要太滿，以免水在發酵過程中，因產氣猛烈，流回發酵瓶中造成污染。

上蓋

7. Air Lock與發酵瓶的瓶口需確認是緊密狀態，以達到完全密閉的效果。

發酵過程

8. 發酵過程中建議每天攪拌，營造酵母菌喜歡的環境，使發酵順利完成。

● 過程中也可品嚐，體驗發酵過程中糖度與酒精的變化，此經驗即為家釀者最好的判斷發酵階段的依據。

以比重計觀察發酵程度與預測酒精度：以檸檬酒為例

前述已舉例以糖度計來觀察發酵的變化，如以果汁釀酒時，因少了果肉的干擾，以比重計來測量也蠻方便的。

以此配方的檸檬酒來說，為了降低酸度，所以加了三倍量的水，因此補糖的部分可直接以水來控制，也就是直接調好約25度的糖水，來對檸檬汁稀釋。

以比重計觀察糖水時約落在1.1左右，預計理想酒精度為13.5。但因加入檸檬汁稀釋，實際酒精度約落在10-12之間（看發酵狀況而定）。

發酵過程中，可以比重計觀察，數字會持續下降，當比重低於1，且無氣泡產生，表示已達發酵終點。

比重	糖度（brix）	酒精度（vol %）
1.000	0	
1.005	1.3	0.8
1.010	2.6	1.5
1.015	3.9	2.2
1.020	5.2	2.8
1.025	6.5	3.5
1.030	7.8	4.2
1.035	9.1	4.8
1.040	10.4	5.5
1.045	11.7	6.2
1.050	13	6.8
1.055	14.3	7.5
1.060	15.6	8.2
1.065	16.9	8.8
1.070	18.2	9.5
1.075	19.5	10.2
1.080	20.8	10.8
1.085	22.1	11.5
1.090	23.4	12.2
1.095	24.7	12.8
1.100	26	13.5

100ml的水，如何配製成25度糖水

作法〉
將33g的糖加入100ml的水中溶解

算法〉

$$所需之糖重_{(g)} = 果汁重量_{(g)} \times \frac{欲配之糖度_{(25) Brix} - 開水糖度}{100 - 欲配之糖度_{(25) Brix}}$$

→100×25／75＝33
就是所要加入的糖重量

掌握釀酒原則：果乾酵起來

從果肉到果汁的釀酒實作，可以發現只消控制糖度、提供微酸以及適於酵母作用的溫度時，即可釀酵成酒，若依此概念，含糖的食糧、糖漬果、果醬與果乾，都能成為釀果酒的食材，僅需掌握釀酵食材的糖度，依照前述的釀果酒步驟，就可成酒。

我們曾使用蘋果乾來釀酒，成品除了蘋果香氣外，還有些微的烘焙氣味，有興趣的朋友，可以試釀、感受。

果乾釀造發酵液的控制

原料處理　50g 蘋果乾＋500 ml 水
- 果乾加入10-15倍水進行熱萃取
- 熱萃取：加水後煮至沸騰，熄火待涼

調糖處理　測糖度：將糖度調至25°Brix
- 加入150g糖
- 通常果乾約加入20-30%水重的糖

調酸處理　20 ml 檸檬汁

優勢酵母　活性乾酵母 0.25 g
- 依發酵狀況添加營養粉

chapter 4

米酒：糖化與酒化並行的
酒麴宇宙

經過了水果酒釀造的經驗後，各位是否對酒精發酵的條件與控制有更深的認識及了解？若能深刻體會，釀酒就是這樣好玩有趣，可實際釀作，愉悅酵感。

掌握了酵母菌的特性後，就算遇到狀況，也可以一一的找出原因解決。到這邊為止，差不多掌握70%的功力了，接下來我們要認識另外一位既熟悉又陌生的新朋友－跟酵母菌同屬於真菌類的「黴菌」，認識了它，想釀穀類原料的發酵酒應可有求必應，迎釀而解。

於此章，我們以家家戶戶常用到的米酒為例，介紹以米為主要原料的穀類釀製酒概念，及實際釀製上應該注意的地方。

在論及純釀米酒前，我們先來複習穀物酒化的過程（見下圖）：將澱粉轉化成糖，再進行酒化。

穀物的酒化過程圖

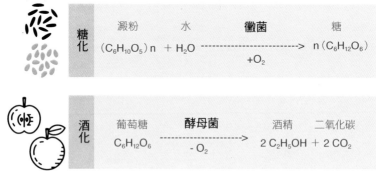

糖化　澱粉 水 黴菌 糖
$(C_6H_{10}O_5)n + H_2O \dashrightarrow n(C_6H_{12}O_6)$
$+O_2$

酒化　葡萄糖 酵母菌 酒精 二氧化碳
$C_6H_{12}O_6 \dashrightarrow 2 C_2H_5OH + 2 CO_2$
$- O_2$

單式發酵酒：葡萄酒、荔枝酒、蜂蜜酒等水果酒。

單行複式發酵酒：如啤酒。

並行複式發酵酒：甜酒釀、米酒、清酒。

以米為主要原料釀製的酒，常見有小米酒、紹興酒、紅露酒、米酒、黃酒等，及日本的清酒與燒酒，其中除了米酒與燒酒為蒸餾酒外，其他則屬於釀造酒。

米的主要成分為澱粉類，但酵母菌本身不能直接利用澱粉來轉化成酒精，必須使澱粉經蒸熟或煮熟，使澱粉糊化（α化）成糊化澱粉，再經由麴菌複合酵素（見 P175「麴中澱粉酵素的威力」）進行糖化作用，使澱粉分解成葡萄糖、果糖等單糖，接著才能為酵母菌所利用，行酒精發酵（酒化）產生酒精及二氧化碳來釀酒。而這樣同時進行糖化作用及酒化作用的發酵，即為前述的並行複式發酵，米酒的發酵過程即是如此進行著（如左圖）。

•┤ 酒 藏 釀 知 ├••••

糊化的意義

澱粉加水、加熱即吸水膨脹，在60-75℃時，變為半透明的膠體狀，此為糊化現象。

而糊化溫度依澱粉種類不同而有差異：如甘藷澱粉為72.5℃，米的澱粉為63.6℃；如為同種類的澱粉，粒子越小，糊化溫度越高。

加熱水解經糊化的澱粉，其結構由緊密狀態變為成鬆散，以X射線分析時看不出結晶構造，此種澱粉稱為α澱粉，由生澱粉（β澱粉）變成α澱粉即稱為糊化（α化）。

米需蒸熟，是因為糊化後的澱粉，結構鬆散，有利於糖化作用的進行。

一、糖化作用，驅動釀穀酒化

前面發酵主角都是以糖質為主的水果或含糖液體來釀酒，而這章要以我們主要的糧食米當作原料來釀酒。如上圖「穀物的酒化過程」所示，要釀米酒，只需多個糊化跟糖化過程。

整個糖化過程能夠把澱粉分解成為醣類，主要物質是水解酵素（α-amylase）、與糖化酵素（glucoamylase），這些酵素是如何而來的呢？

利用酵素釀酒也不是在近期生物技術的發展下才有的方法，口嚼酒就是利用酵素作用的例子。目前也有部分釀酒業者把酵素純化出來用於釀酒，減少製麴的工時，但因為用純酵素作出的酒風味較差，所以以酵素釀造的方法，大都用於食用酒精的製造，或一些低價位的酒。

酵素來源依釀造習慣不同而有差別。歐美地區習慣使用大麥芽來進行糖化作用，如大家夏天常會喝的啤酒釀造；在亞洲地區，以傳統酒類發酵而言，則習慣從黴菌中取得。食用酒精的生產，也需要這兩種酵素，只不過是把酵素純化出來使用。

日常生活中黴菌幾乎無所不在，通常食物發霉後都丟棄不用，但我們的祖先們卻充分利用黴菌的特性，化腐朽為神奇！

接著就來看看黴菌神奇的地方。

二、麴之酵力

前述黴菌是糖化的主要功臣。可是我們常聽到的是用麴來釀酒啊，黴菌跟麴是什麼關係呢？

● ● ● ●

麴：糖酒共乘的重要能源

當我們看到麴時，第一個直覺反應是，這是發霉的東西啊，可以釀酒嗎？答案是肯定的。

麴是東亞、東南亞與喜馬拉雅地區特有的發酵技術，是將米、糯米、小麥、大麥、黑麥、燕麥、黃豆與黑豆類等糧食作物，碾除其外皮，讓微生物生長於上面而得的酵念品。

廣義的說，麴就是微生物，而這微生物的主角就是黴菌。但在培麴的過程，其實還有其他微生物在上頭，包括各種酵母菌、乳酸菌、醋酸菌等，因量相對少，所以我們可以說麴等於黴菌。

大麥芽的利用

一般的種子在萌芽過程中，本身會產生水解酵素（α-amylase）、與糖化酵素（glucoamylase），把貯存在胚乳中的澱粉轉化成單醣供作生長能源，而大麥芽因酵素含量和安全性高，長期以來就為歐美地區當作釀酒的醣化劑使用。啤酒就是以此方式進行，但因糖化作用與酒化作用分開進行，所以被歸納為單行複式發酵。

麴的分類

　　若依所使用培養基質的穀物來分類，主要可分成米麴、麥麴或豆麴，也就是說，如果將黴菌培養在米上就稱為米麴，培養在黃豆或黑豆上都稱為豆麴（俗稱白豆婆及黑豆婆／台語）。

　　若依麴的顏色來分類，常見的如紅麴、黃麴或黑麴。若依麴於發酵食品的應用分類，常聽到的為酒麴、甜酒麴、生米麴、醬油麴、味噌麴、紅糟麴等。

　　其中酒麴，是人們試著捕捉和馴化微生物最古老而有效的嘗試，讓沈睡中形形色色的發酵菌，等待適合的時機甦醒，最神奇的是其具有糖酒並行發酵的魔力。依照型態差別，可以略分成固體麴與液體麴，固體麴又可略分成麴塊與散麴，像是在傳統市場可購得的酒麴（又被稱為「白殼／台語」），其型態即是麴塊，散麴則是麴塊以外的型態，像是米麴等；相較於固體麴，液體麴較不佔空間，傳統上阿米洛釀酒法，就是選用液體麴進行釀造。

麴的功用與差異

前述糖化的主要功臣是麴，為什麼麴辦得到？

麴，在生長過程中會排出大量的酵素，主要包括澱粉酵素、蛋白酵素及脂解酵素（如P174「酒麴發酵作用圖」），這些酵素帶給人類莫大的妙處，可應用在酒的發酵，像是黃酒、清酒、小米酒、泡盛等，也可廣泛見於鹽麴、味噌、醬油、甘酒、豆腐乳、酒釀、米醬與豆豉，是許多發酵品的根本。

但因麴種的不同，對原料成分的分解程度就不一樣。像是根黴菌（Rhizopus）為主要的糖化菌，適合用來釀酒，毛黴菌（Mucor）則蛋白酵素能力較強，麴黴（常見的Aspergillus Oryzae）則是兩者兼具也適合用來釀酒。所以必須選用不同的麴來釀製預期想要的發酵品，比方釀酒選酒麴、釀甜酒釀選甜酒麴等。

此些酵素各司其職，使原料中成分的大分子分解成分子，如蛋白質被蛋白質酵素分解成胺基酸，創造新的味覺，除此之外，前述提及的高級醇，是酵母菌代謝胺基酸而來，可進一步酯化產生香氣。脂肪被脂

解酵素分解成甘油與脂肪酸，同樣的，經過酵母的代謝作用會形成酯產生香氣。而澱粉會被澱粉酵素分解為糖（糖化作用），糖經由微生物作用又可形成各式有機酸，帶來酸的滋味，又或者糖經由酵母菌代謝產生酒精，這些好處也就是釀酒需要酒麴的主要原因了。由此可見得於釀酒上，「黴菌」在釀造澱粉類酒時其存在的價值和功能，和酵母菌是同等重要。

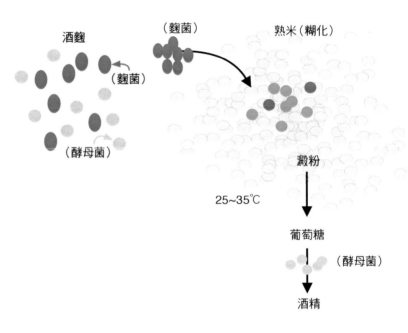

酒麴

（麴菌）

（麴菌）

（酵母菌）

熟米（糊化）

澱粉

25~35℃

葡萄糖

（酵母菌）

酒精

糖化酵素

蛋白酵素

脂解酵素

酒麴發酵作用圖

麴中澱粉酵素的威力

　於釀酒上，麴菌之所以能行糖化作用，將澱粉切割為小分子的糖，主要是因為澱粉酵素的功力。

　澱粉酵素係指能作用於澱粉等的α-1,4-glucosidic-或α-1,6-glucosidic-等鍵結予以加水分解之相關酵素。

　依作用位置之不同分為α-amylase、β-amylase、glucoamylase及transglucosidase，直鏈澱粉、支鏈澱粉和各澱粉酵素作用，都具專一性。

直鏈澱粉

支鏈澱粉

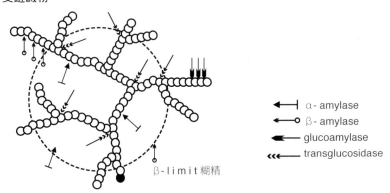

β-limit 糊精

← α-amylase
← β-amylase
← glucoamylase
← transglucosidase

直鏈澱粉、支鏈澱粉和各澱粉酵素圖

α-amylase

　α-amylase又稱為endo-amylase或液化酶，可從澱粉分子之α-1,4鍵結隨機的加水分解切斷，如上圖所示，並生成3個長度以上之葡萄糖殘基。

β-amylase

　β-amylase又稱為exo-amylase或糖化酶，可從澱粉分子之非還原性末端之α-1,4結合鍵處切斷，主要產物為麥芽糖。

glucoamylase

　又被稱為 exo-1,4-α-glucosidase，可從澱粉分子之非還原性末端之α-1,4及α-1,6結合鍵處切斷，生成葡萄糖，為東方酒類製造上負責還原糖生成之主要酵素，又稱為糖化酵素。

transglucosidase

　此酵素為一種α-glucosidase，能把麥芽糖或葡萄雙糖類加水分解，同時也能把游離葡萄糖轉化成其他種糖類，例如此酵素作用於麥芽糖生成葡萄糖。

　當我們了解麴的作用之後，可略見酒麴於米酒釀造的重要性，可謂：「麴為酒之骨，糧為酒之肉」。

三、常見的純釀米酒法

我們已經知道，原物料只要能夠被糖化作用產生糖、及酒化作用產生酒精即可成酒。一般而言，製作米酒的方法可分為下列四種，其各有優缺點。

常見米酒釀法表

釀造法	發酵過程	優點	缺點
阿米洛法	利用酸將米液化水解後再蒸煮，並加入糖化菌糖化，再添加酵母菌發酵。	釀造流程易管控。	出酒率有待改善。
酒母法（單一菌種法）	米蒸煮後添加單一麴菌粉末糖化，再加入酵母菌發酵。	風味一致、易掌控。	單一麴菌篩選、製麴等技術難度高。
熟料法（再來法）	米經蒸煮後添加麴粉（白殼）糖化，加水後繼續發酵。	流程簡易。	污染，易產生麴燒，風味不易掌控。
生料法	米經洗淨後加入水，加入生料麴粉，控溫糖化、發酵。	流程簡便，風味佳，出酒率高。	雜菌污染的可能性增加。

依此四類純釀米酒的方法，我國釀酒業者多以生料法與熟料法來釀製。

「熟料法」即是將米蒸煮後，以飯的形式發酵製成，然而此法有品質不穩定，以及無法工業化生產的問題。而「生料法」微生物具有運用生澱粉的特性，促進微生物生長、繁殖及代謝。在這個過程中，微生物先利用自身所產生的酵素，與額外添加的澱粉分解酵素、纖維分解酵素，將生澱粉轉換成可發酵的單糖或雙糖，接著酵母利用所生成之糖質為營

養源，行無氧代謝，而生成酒精，我們也將於後示範居家可做的熟料法與生料法。

米酒發酵的趣味

如同前述，米酒的釀製和水果酒釀製非常相似，僅多了一個糖化的過程。所以整個發酵的趣味和水果酒一樣分成三個階段—原料、發酵與熟成階段。

明顯的不同在於發酵階段多了麴菌的參與，主要負責糖化作用，所以麴的來源不同、米的品種（支鏈澱粉比例的差異）、米的吸水程度將會影響糖化效果，增加了風味上的趣味性。

仔細探討，原料米的差異也會造成很大影響，因為主要成分除了澱粉之外，尚有蛋白質與脂肪，所以米的精米度就是控制的變因；另外負責酒精產生的酵母菌，是否為優良的釀酒酵母，也是主要的因素。

這些種種的變因，足以讓大家玩味好一陣子，試著找出自己的米酒獨家配方吧！

原料米特有的香氣

稻米等含高澱粉原料經蒸煮後均各有其特殊香氣，但經醱酵後，各種原料原有之香氣會所轉變。

酵母菌　黴菌

酒類香氣成分
的主要貢獻者

糖化及發酵過程中產生的香氣

呈味物質：米分解所得之糖類，如葡萄糖、麥芽糖、乳糖等；游離胺基酸，如精胺酸、丙胺酸、白胺酸等；有機酸，如草酸、蘋果酸、焦麩酸等及其他無機鹽類。

 影響因素　菌種（酵母／黴菌）、米的精緻程度、米的軟硬程度、發酵溫度、水質。

貯存熟成中產生的香氣

剛蒸餾出來的酒具辛辣刺激等不愉快的氣味及口感，需經過貯存後降低其刺激性及辛辣感，口味也會變得醇和柔順、香氣風味都得以改善。

 大分子穩定　使水分子和乙醇分子逐漸構成大分子，締合度增加，乙醇分子受到束縛，自由度減少，使酒的刺激性減弱，口感柔和。

 氧化酯化　酒中之有機酸與酯類物質之增加可提高酒之香氣使口味醇厚。

米酒香氣的關鍵圖

上述提到「麴」，是糖化與酒化並行的重要介質，介質尚需載具，才有辦法並「行」，接著，我們針對原物料及其前處理、佈麴與發酵等載具，對糖化作用的影響說明如下。

一、選米原則

一般而言，我們熟知且常食用的米為秈稻、稉稻與糯米，三者皆可作為釀米酒的原物料，其中，糯米也適合選用為甜酒釀的原料。

三種常用米特性

種類	特性	黏性（三者比較）
秈稻／在來米	米粒長，又被稱為旱稻，生長適合長日照，比稉稻耐熱耐旱。	黏性較弱
稉稻／蓬萊米	米粒短圓，需要日照時間短，但生長期長，比較耐寒。	黏性居中
糯米	是稻的黏性變種，在秈稻和稉稻品種中都有糯稻變種。	黏性最強

於圖中可知道黏性越高的米是因為支鏈澱粉較高，而支鏈澱粉高的米種其吸水率也越高，吸水率高就容易糊化，有利於後續的糖化作用，糖化作用越完全，酒精度也就越高了。所以釀造甜米酒或甜酒釀時，可選用糯米。

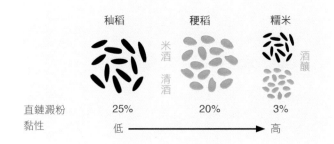

米質區分圖

	秈稻	粳稻	糯米
	米酒 清酒		酒釀
直鏈澱粉 黏性	25%	20%	3%
	低 ——————→ 高		

原料挑選上，米粒需盡量透明、帶有米的香味，不要有霉味或者碎米。

一般清酒是以精白的蓬萊米為原料，其要求精米程度為70-75%精米率（精白米重／糙米重），吟釀酒則使用50%以下的精米率。精白之目的在除去糙米表面過多的蛋白質、脂肪、灰分等，得到風味優良的清酒。

本書係以居家釀造為出發，因臺灣取得精米不易，因而主要介紹純釀米酒的釀造原理與過程。

吸水率＝（白米浸水後－浸水前重）／浸水前重

二、釀米酒的前處理：清洗、浸泡 與蒸煮對糖化效果的影響

前述提到純釀米酒的釀造法，分為四種，其中米的使用又分為生料與蒸煮的差別，生料入發酵甕，僅需清洗即可，蒸煮的步驟則為清洗、浸泡與蒸煮。

清洗

洗米可除去表面附著的米糠或米屑，於蒸米時能讓米粒分散良好。另外在洗米過程中，如未將含有米糠粉屑的洗米水倒掉，則此等水溶性的髒物又被吸回米粒內，將影響米粒品質。

浸泡

浸米之目的乃供應米粒蒸煮糊化所需之水分，若水分不足，蒸煮後米粒較難熟透（可見下圖），可能會太硬，麴菌較難入內深根，一般約浸泡兩個小時左右即可進行蒸煮。

浸泡米吸水率

秈稻　　　　　　　冬天
　　　　　　　　　夏天　浸泡2hrs

粳稻　　　　　　　吸水率已近30%
　　　　　　　　　趨於平衡

蒸煮

　　我們已經知道，酒精生產所需的原料中，糖質原料可直接被酵母菌所利用而產製酒精，在此之前，則需先實施蒸煮的動作，才可進行後續的糖化作用與酒化作用，進而產製酒精。

　　這樣的動作，就好像我們吃飯必須先進行煮飯，才可進入口中咀嚼，與唾液混和再進入消化道。滿室米飯香，是培養米麴過程中，極富幸福感的事之一，梗米濃郁、秈稻清香，更自精彩。

煮熟煮透無米心

　　蒸米之目的乃使澱粉糊化（α化），經α化後米變成有黏性與彈性，以提高糖化作用的效益，使麴菌更容易繁殖。因米的組織會膨化、擴散，進而使結構鬆散，使澱粉容易融於水的介質中，也才能被酵素所作用。

　　米要蒸煮到什麼程度？或者要蒸煮多久呢？因為各個蒸煮環境不同，較難明確蒸煮時間的標準，就上述浸泡部分，略提到「麴菌需入內深根」，因此要將米蒸煮到「透米心」的程度。依我們的經驗：八吋蒸籠蒸一斤米（600g），當蒸籠蓋上衝出蒸氣時開始算時間，約30-40分鐘。

　　蒸煮兼具原料殺菌的作用，避免雜菌與酵母菌競爭，使酵母菌成為優勢菌種，減少酸敗的機會，對酒質有甚大影響，為製酒之重要步驟。

•┤ 酒 藏 釀 知 ├••••

蒸米含水量的高低將會影響麴菌的增殖

由下圖可以看出，如果以平常多數的食用米（梗米）來培麴時，當蒸米水分含量在約**38-45%**之間時，會有較高的澱粉酵素活性，有利於糖化作用的進行。如吸水量不夠則會影響蒸飯的糖化性，反之，如吸水太多易使米粒變黏，失去彈性則不利於製麴。

若使用秈米釀酒，可試著增加其含水率，以提高糖化效果，增加酒精量。

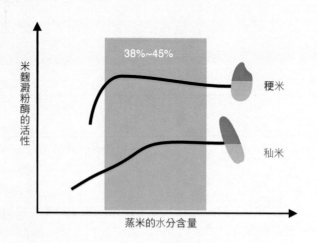

米種與含水量的差異對澱粉酵素活性高低的影響圖

三、佈麴與發酵對糖化效果的影響

佈麴

　　將適量的酒麴接種至熟飯上，行三天左右的乾式發酵，並蓄積大量的酵素，作為米酒發酵時之酵素源。

麴的酵素力為主要考量

　　由前述已知，麴中含有澱粉酵素、蛋白酵素、脂肪酵素等，其可分解蒸米，將澱粉、蛋白質及脂肪等大分子分解成小分子，供酵母繼續作用。米酒因行並行複式發酵，故麴菌選擇上，應符合糖化和酒化力釀良好之麴菌。

麴和酵母菌一樣影響著酒香

　　蒸米在麴酵素作用下，以釀酒而言，分解產生之物質以糖為主，但其他香味物質也會影響酒的基本香味，對酒質的影響也很大。

麴的使用比例

　　麴使用量的影響層面主要包括：蒸米的糖化效果和酒質的濃醇感（酒精與酸的變化）。

　　當麴量不足時，容易發生糖化不完全，酒粕量多，酒精濃度低，酒質呈淡麗；當佈麴比例過多時，因酸、胺基酸的產量過多，除浪費麴種外，也會導致酒味過於豐富濃厚，甚至產生讓人不悅的氣味。

值得一提的是：麴的功能還包括供給酵母菌增殖、發酵所需之營養素。一般來說，酵母菌在糖化後的酒醪中即開始生長，於前述對酵母菌的認識，我們知道酵母菌的生長需要碳源及氮源，其中酵母所需之氮源可由蛋白質分解而來，蛋白質是由多種胺基酸為單元所構成的聚合物，部分胺基酸酵母菌可自行合成，但部分則需從酒醪中吸收而來。因此在糖化液中應含有能供應酵母生長所需之胺基酸才能生長良好，發酵正常。

另外由麴作用所生成的胺基酸、胜肽及麴維生素，亦為乳酸菌生長之重要因子，可促進酒醪或酒母中乳酸菌的繁殖，進而抑制雜菌繁殖。

一般可參照麴菌商行的建議量操作，也可依自己的經驗值調降，以能夠完全糖化及酒化的最適（低）麴量為目標。

●● ●
加水發酵

加入適當比例的水開始米酒發酵。當酒醪中的糖分慢慢減少，酒液變成澄清黃色時，純釀米酒即發酵完成，可過濾或撈上澄液體享用，亦可進行蒸餾，即成為我們熟知的米酒。

不過於發酵過程中，水分添加的量將對下列面向產生影響。

酒精濃度／固形物濃度

當加水量少時，酒醪中米漿濃度高，酒精濃度高；但於發酵終期時，

高濃度酒精之生成會抑制酵母之發酵能力，導致酵母無法完全利用原料，因此酒醪中之固形物濃度也因此較高。

　　當加水比例高時，酒醪中固形物（澱粉）相對較低，因此滲透壓較低，有利酵母之發酵作用，故於發酵完成時，酒醪中的固形物量（澱粉）就會越低，但酒精含量也相對較低。所以如欲提高發酵效率及減少酒粕量，可增加水的添加比例。

發酵酒液的顏色

　　因較高的水分含量添加比例，對於酒醪中之呈色物質有稀釋效應，所以酒色外觀上較為淡麗。

　　水分的多少與麴中有機酸的生成有關，當麴中水分含量高時產酸量也大，故在後續酒釀製作上，水分含量的添加比例將決定酒釀的類型。

麴及水量對米酒發酵影響示意圖

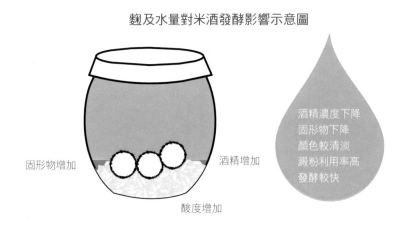

固形物增加　　　　　　　　　　　　酒精增加

酸度增加

酒精濃度下降
固形物下降
顏色較清淡
澱粉利用率高
發酵較快

已了解麴的特性，及糖化作用在釀製米酒上之影響力，接著我們將開始著手進行釀造。

米酒，在臺灣多數以散麴先行發酵，再行蒸餾來製成，於發酵階段，通常以散麴於前期行固態發酵，後期行液態發酵的混合發酵。原料部分，以選擇脫去米糠的精白米為佳，如使用糙米，易有油耗味形成。

民間傳統利用酒麴來製造米酒（蒸餾酒）的步驟（熟米作法）如下所示：

1.選米；

2.清洗；

3.浸泡；

4.瀝乾；

5.蒸煮；

6.冷卻；

7.佈麴；

8.固態發酵：下缸，中心挖孔（不密閉），放置3-4天；

9.加水；

10.液態發酵10-15天；

11.蒸餾：將發酵液進行蒸餾。

我們可以觀察到，步驟1至8的過程其實就是甜酒釀的製作方式，不同點在於米的選擇與麴的種類。

臺灣釀造上常用到的米麴、或清酒釀製過程於酒母中添加的米麴，都是以步驟1至8的過程來製作完成的。所

以長輩常説，學釀米酒要先學做酒釀，酒釀會了，米酒或其他米的釀造物也就不難了。

　　酒釀，或稱為甜酒、酒娘、甜酒釀或醪　，味道甜，有酒味，其中朝鮮半島的醪糟稱為甘酒，與日本不含酒精的甘酒，在發酵過程以及口味上有所差異。名稱眾多，為避免跟用酒浸漬或釀造食品混淆，本書就將其稱為「甜酒釀」。

　　傍著「麴為酒之骨，糧為酒之肉」的口訣，製作甜酒釀的麴為甜酒麴，糧為糯米。如前述，是稻的黏性變種，多半米粒色白、不透明，又分為圓糯米與長糯米。

米釀造酒步驟圖

米酒 糯米做法
❶ 米　蓬萊／再來／糯米
❷ 水洗
❸ 浸泡
❹ 蒸煮（糊化）
❺ 瀝乾
❻ 冷卻
❼ 佈麴　熟米麴
❽ 固態發酵（糖化／酒化）
❾ 加水
❿ 液態發酵（酒化）
⓫ 蒸餾

甜酒釀
❶ 米　糯米
❷ 水洗
❸ 浸泡
❹ 蒸煮（糊化）
❺ 瀝乾
❻ 冷卻
❼ 佈麴　甜酒麴
❽ 固態發酵（糖化／酒化）
❾ 甜酒釀

清酒
❶ 米　高精白米
❷ 水洗
❸ 浸泡
❹ 蒸煮（糊化）

❺ 製作米麴　酵母
　製作酒母　水
　製作酒醪

❻ 發酵（糖化／酒化）　初添　仲添　留添
❼ 上槽
❽ 沈澱／過濾
❾ （火入）
❿ 儲藏
⓫ 調和（火入）
⓬ 裝瓶

釀米酒的關鍵提示

瀝水

把浸泡至已透心的米放在瀝盤上,約使其自然流下約3分鐘,目的在於除去多餘水分,避免米粒黏稠、無法分離。

蒸煮

有人用煮飯的方式來操作,但在水分的控制上相對不易(過濕),需另外透過曬的方式來減少水分;此外米粒的分離性及彈性也不如用蒸煮法來得佳,降低了佈麴的方便性與效力。

冷卻

於此過程可添加少許的水分,除可快速冷卻,縮短冷卻時間外,也增加了米粒的分散性,方便佈麴均勻,提高麴的酵素力道。

孔洞不密閉

下缸後於中心做出孔洞或上蓋不密閉,目的是增加空氣流通,以利黴菌生長(因黴菌屬好氣菌)來產生液化、糖化酵素,約3-4天期間,原料成分的大分子型態已漸漸被分解成小分子,當酵母菌增殖成為強勢的菌種,加水後,同時降低酸度和糖度,使酵母菌有足夠的空間大量繁殖並進行發酵。

液態發酵

固態發酵後加入適當的水分,約10-15天內,糖化酵素繼續把澱粉分解成糖,而酵母菌則把糖轉化成酒精,此時也因為酒精度和酸度提高、酵母菌開始死亡,酒液變成澄清黃色時,酒類發酵也就停止。

圓糯米又稱為梗糯，外型圓短、色白、不透明，因支鏈澱粉比例高，黏性較高，常用於湯圓、年糕、麻糬、甜酒釀與糯米酒；而長糯米，亦可稱作秈糯，米粒細長，黏性較圓糯低，因我們知道支鏈澱粉比例高的米吸水率高，吸水率高就容易糊化、有利於後續的糖化作用，糖化作用越完全，甜酒釀也就越甜了。因此，甜酒釀的選糧應為「圓糯米」。

為何純釀米酒的示範需要先講述與實作甜酒釀呢？主要是因為甜酒釀為釀米酒的前哨，由米釀造酒步驟圖可知，除了米的種類與麴的種類不同之外，在釀造步驟上幾乎一樣，當酒釀完成時，只需再添加適量的水，即可進行米酒的發酵步驟。熟成的甜酒釀可加水發酵成糯米酒，也就是說，會做酒釀，就會釀米酒。

另當我們掌控好水的比例差異後，更換米種，甚或麴種，就可釀出各式不同的米酒：如小米酒、甜米酒等。換言之，甜酒釀、小米酒與米酒的釀製過程，實為一道光譜，因而本書從甜酒釀的實作為始。

⊶ 酒藏釀知 ⊢••••

日本甘酒

日本不含酒精的甘酒是利用長滿菌絲的米麴為原料，在高溫下（60℃左右）將煮好的粥，進行糖化作用而得的產品。

其原理就如同前述的知識，麴的生長會產生澱粉酵素，可以糖化糊化後的粥，因糖化的最適作用溫度約60-70℃間，所以將煮好的粥拌入適量米麴後，維持在60℃左右的環境下，經過時間的作用約8-12小時（依米麴的添加量而定），即可得到甜甜的甘酒。

水分與酒釀類型

以酒釀而言，我們已經知道，當麴中水分含量高時、產酸量也大，故在後酒釀製作上，水分含量的添加比例將決定酒釀的類型，喜歡老酒釀型（酸味與酒氣較重），可將額外添加水的比例增加。

釀造酒

甜酒釀	小米酒（甜）	米酒（甜）
25%水	30%水	50%水
甜酒釀作法	甜酒釀作法	甜酒釀作法
（圓糯米）拌25%水	（小米取代糯米）拌30%水	（圓糯米）拌25%水
3天後	5天後	三天後再加25%水
成品	成品	10天後
		成品

蒸餾酒

糯米酒	臺灣米酒（熟米）	臺灣米酒（生米）
甜酒釀作法	甜酒釀作法	生米＋麴
（圓糯米）拌25%水	（一般米取代糯米）	加300%水
3天後	3天後	發酵15天左右
加100% 20度糖水	加150%水	蒸餾
發酵10天左右	發酵10天左右	
蒸餾	蒸餾	

甜酒釀製作

甜酒釀為早期長輩們常用的民間必需調味品，也因如此，雖酒釀含有部分酒精的成分，於法規上並不歸納為酒類。於酵素的作用上，可用來醃肉，於口感的應用上，可取代料理中的糖，如酒釀燉肉或酒釀水果盅，甚至加入麵團做成酒釀烙餅，會製作酒釀後，餐桌上的變化又更加豐富了。

ingredients

糯米	600g
開水（涼的）	150ml
玻璃瓶	3個
甜酒麴	6g
75%酒精	

1.圓糯米用水洗淨，加入1000cc的水浸泡。最少2小時。

3. 在表面挖出氣孔，能讓米更容易均勻蒸透。

2.瀝乾後，入蒸籠蒸煮至米心熟透。

4. 大火蒸煮約30-40分鐘，蒸煮至米心熟透（沒有白色米心）即可起鍋。

*5.*加入適量開水150cc
（生米重的25%），將
米粒撥散、降溫，增加
濕度，降低黏度，以方
便拌麴。

● 打散米粒可增加麴菌的接
觸面積，以利糖化作用。

● 當水加入之後，會發現黏
黏的糯米——分開，可在此階
段，盡量將米粒撥散分開，利
於後續佈麴的均勻。

● 加水的目的，除了可以快
速降溫與增加米粒分離性外，
調節濕度以利麴菌生長是主要
的原因（加水拌勻後，讓米粒
微濕）。

● 除調控濕度的1/4水量外，
不用加入水分去發酵。若想提
升賣相或總量，以不增加超過
1/2為原則。

6.待溫度降至不燙手，
即可佈麴。

● 佈麴溫度：米飯若太涼才
佈菌，整個發酵過程會慢幾
天；若是太燙就佈麴，酒麴將
被殺死。適當的溫度，以手摸
米飯不燙手（溫溫的）的感覺
為參考。

● 利用佈菌瓶（胡椒粉瓶），方便每粒米可以均勻地接觸到菌粉。

7.佈麴的量約圓糯米的千分之一量即可，佈至均勻為佳（攤開>佈麴，來回三次）。

● 瓶罐裝入米飯前，記得以75%酒精進行消毒。

● 覆蓋不鎖緊：麴菌為好氣性菌，故在繁殖期間，需要足量氧氣供應。另因糖化作用同時有二氧化碳蓄積，易形成氧氣不足之狀態，故須時常補給新鮮空氣（氧氣）。

● 麴菌繁殖之適溫為25-35℃，40℃以上則生長衰退，20℃以下則繁殖緩慢，因此我們特別用保暖套保暖。

8.入發酵瓶，覆蓋不鎖緊。天冷時可用被子套起來，以利麴的生長。

9.放置室溫約三至五天即完成。

● 每天開蓋觀察，可增加氧量，以利麴菌作用。兩天後出水時，盡量將米粒壓入酒液。

● 過程中發酵白色菌絲為黴菌，屬正常現象，將之拌入米飯即可。如出現非預期的顏色如紅或綠色的菌絲，則建議丟掉不食用。

● 出汁一定量後（約3天時間）即可食用，時間拉長將增加酒精濃度，當找到最佳食用期時，可以放入冰箱減緩發酵的速度。

10.放入冰箱保存備用。

酒釀水果盅

1. 挑選自己喜愛的當令水果1-3種，切塊，約可一口食的大小。

2. 取水1公升，加入2-4湯匙的酒釀（依個人喜好），煮至60度關火（微冒煙狀態）。

3. 酒釀汁液放涼後，加入已切塊水果，冷藏。

4. 待酒釀與水果相互交融至喜愛的風味，即可享用。

以配料添加風味

薏仁甜酒釀

（配料與糯米的比例為1:4）

選材部分，除了全部以糯米發酵外成甜酒釀外，亦可添加不同食材，增添不同風味，像是加入薏仁與糯米一起發酵成薏仁甜酒釀，製作步驟可參照前面甜酒釀的作法，將薏仁與糯米分別蒸煮至透，一同佈麴、入瓶；比例調配部分，薏仁與圓糯米的比例為1:4。

純釀米酒

熟米釀造

除了前述甜酒釀可增添餐桌上的風味之外，於臺灣的料理習慣上，米酒與我們的生活關係更為密切。依著甜酒釀的方法，將糯米改為梗米甚至秈米，三天後，掌握加水的比例，即可進入糖化與酒化並行的並行複式發酵釀酒法。

ingredients

精米 ⋯⋯⋯⋯⋯⋯⋯ 400g
開水 ⋯⋯⋯⋯⋯⋯⋯ 600ml
發酵瓶 ⋯⋯⋯⋯⋯ 1個（1800ml）
熟米麴 ⋯⋯⋯⋯⋯ 4g
75%酒精

（蒸餾後約可得300ml左右、40度的米酒）

前處理

1. 取400g米浸泡2小
時；瀝乾後，入蒸籠蒸
煮至米心熟透。將米飯
打散、攤涼以降溫。

2. 待溫度降至不燙手，
即可佈麴。佈麴的量約
米的千分之一量即可，
佈至均勻為佳。

3. 將佈好麴的米飯放入
發酵瓶。

● 手與瓶罐、發酵環境皆須
保持清潔，完成消毒。

● 添加水分,可增加甕中的溼度,以利麴菌的生長。

4.如米粒太乾,以水槍噴一些水分而後攪拌均勻。

● 通常過了12小時後會有溫度上升的狀態,需以湯匙或瓶身搖晃的方式攪拌米粒以達降溫、換氣供氧的目的。

5.取棉布覆蓋瓶口以利通氣。放置室溫（25-30℃）即可。

發酵三天加水

6.發酵至第三天,加開水600ml(原料米重1.5倍的水)發酵。

● 約第三天觀察時,可看到米飯上長滿白色菌絲(甚至帶有些灰色的孢子),部分液化的狀態(但不到液體流暢的現象,除非米飯煮得太濕),並聞得到特有的麴香,此時就可進入加水的步驟。

7.攪拌:前3-5天早晚攪拌。依據米的粉粹程度決定,米的顆粒變小,及有部分粉末狀,即可停止攪拌。

● 於加水後,會觀察到猛烈產氣及米粒浮上現象,接著看到產氣減緩及米粒被分解現象。

發酵過程變化

8.約兩星期後,可發現酒液呈現色黃,即可進行蒸餾。後熟。

熟米釀造法的變因

由上述流程可以看出不易控制品質的原因：

a 酒麴的選擇

從製麴開始，酒麴的產製過程是利用條件控制（溫濕度差異）的方式，延續酒麴中的優質酵母菌和麴菌，除了許多未經過殺菌的生料外，生長的麴房空間，其空氣也與外界相互流通，所以在酒麴生產的過程中，不僅有酵母和麴菌的產生，也可能夾雜了一些耐酸和厭氣性的雜菌，如枯草桿菌、乳酸菌等。因此，酒麴的購買來源，對於家釀來說相當重要，麴的品質對酒的成品影響很大。

▲ 通常商業上買到的酒麴除了雜菌少之外，都必須具有強勢的酵母菌與糖化力強的麴菌。

b 發酵時造成的酸敗

「燒麴」是釀酒時酸敗最主要的原因，由前述可知，酒麴中含有黴菌和酵母菌兩種主要微生物，在釀造過程前期的固態發酵，黴菌的生長產澱粉酵素，約3-4天期間澱粉液化、糖化使酵母增殖成為強勢菌種，但是，黴菌生長分解澱粉時會產生熱，當產生的熱無法有效移除，會不斷地累積使得品溫升高，最終反而把自己和存在酒麴中的酵母菌給殺死，此現象稱為「燒麴」。

當此狀況發生時，於加水過程，來自水中或空氣中的雜菌反而成了強勢菌種，所以造成酸敗的酒。而這種情形在夏天特別容易發生，因為，夏天周圍環境溫度高，麴熱更不容易移除，使得燒麴機率變高。

▲ 長輩們說夏天不適合釀酒，就是這個道理。

c 固態發酵階段效率差

除了前述酒麴的來源與溫度的控制外，原料製程的影響也很大。

為了方便卻忽視黴菌的生長條件（黴菌屬好氣性菌），常以煮飯的方式進行，但此方式製作的米粒水分通常較高，且米粒不具有分散性，使得米粒間的透氣性變差，入甕後造成黴菌只生長於表層；黴菌如果長不好，除糖化力不佳外，也無法產生足夠的麴酸，抑制其它雜菌生長，使甕中下層內部的米異常發酵。

▲ 一般私釀米酒會有餿水味（酸味），大概都是來自於此固態發酵的糖化過程，因此建議用蒸米的方式處理。

純釀米酒

生米釀造

生米釀造法的特色是能源的利用與勞動力都可明顯下降，因於釀造過程的步驟省去了浸泡及蒸煮的過程，整個操作變得相當容易、省時。

主要原因在於生米麴的特色：生米麴可對生澱粉直接糖化和發酵，具有省略蒸煮、節省時間、操作容易等優點。但是釀造過程易出現發酵遲緩、酸敗或出酒率下降等問題，所以選用適當有效力的生米麴，是生米釀造成功的關鍵。

ingredients

精米	300g
開水	900ml
櫻桃瓶	1個（1800ml）
生米麴	3g
75%酒精	

（蒸餾後約可得300ml左右、40度的米酒）

生米麴通常含有各式酵素

包括澱粉酵素、蛋白酵素、纖維素酵素，及釀酒微生物包括：耐高溫酵母菌、生香的酵母菌，以及以根黴菌（Rhizopus）為主的黴菌。因為Rhizopus菌所產生的糖化酵素，能分解未經蒸煮、糊化之澱粉。

1.取300g乾淨的米。

● 一般來說，市售的真空包裝米均已去除大部分的雜質，所以米可不經清洗，直接放入發酵容器內進行加水。如真要洗去大的雜質，建議以乾淨的飲用水，過水沖洗即可。

● 原料選擇主要以無霉變、無雜質、無農藥為主，各式米種均可。為了增加酵素作用的效率，可做一定程度的粉碎，因可增加米粒與生米麴的作用面積，進而加速分解澱粉與蛋白質的速度，縮短發酵期，以減少污染的機會。

2.加入生米麴。

● 生米麴的用量，通常依著菌種廠商所提供的使用量添加即可。但有經驗的朋友可另依發酵環境的溫度做調整；夏季氣溫高，用量可斟酌減少，冬季氣溫低則斟酌增加使用量。

3. 加入米量的3倍水
（900ml），攪拌均
勻。

4. 覆蓋放置室溫即可
（25-30℃）。

5. 發酵過程每天攪拌，
維持5-7天。

● 發酵前期維持攪拌的目
的：

1.防止原料沉澱，增加生米麴
與原料接觸的機會，提高發酵
的效能。

2.使發酵產生的二氧化碳及熱
能排出，增加氧的濃度，以利
於酵母菌的生長。

● 後期則無需攪拌，維持密
閉式的發酵，以利酒精發酵
及減少酒精揮發，可利用Air
Lock的工具，來營造密閉發酵
的環境。

發酵過程

● 發酵過程的變化，一開始米粒沉積在下層，當發酵啟動時，有氣泡開始往上冒，當進入發酵旺盛期時，米粒開始上下跳動、翻轉，氣泡由小變大，底層原料開始上浮，酒醪開始變成白色混濁狀。到後期時，原料開始又沉積於下層，由混濁轉為澄清的黃色酒液。

*6.*第二天開始會觀察到液面有明顯產氣，即部份米粒在下面跳動的感覺。接著看到產氣減緩及米粒被分解現象，變得混濁。

● 發酵時間與發酵環境的溫度有關係，如溫度在15℃左右的區間，發酵時間約20-30天，25℃左右約8-13天。

*8.*發酵約兩星期，可發現酒液上層呈現色黃，即可進行蒸餾與後熟。

chapter 5

昇華與靜萃：
蒸餾酒與調合酒

蒸餾技術是拓展酒的種類、風貌與版圖的重要關鍵。

蒸餾器是如何出現的呢？依據相關資料表示，蒸餾器原先的設計主要想藉由蒸餾進行煉金與精製香水，直到傳播至歐亞美洲大陸後，始用於蒸餾釀造酒。在人類尚未研發出穩定酒液品質的技術前，蒸餾酒較易於保存與運送，可貿易至不同區域，同時，也便於長途航行的船員飲用，據說「裝在瓶子裡的西班牙陽光」的雪利酒與葡萄牙的馬德拉酒（Madeira wine），就是如此誕生。

釀造酒初經蒸餾所產製的高濃度酒液，大多都較為刺口，為了讓蒸餾酒風味更富有潤感，多需經過時間熟陳或調和。其一，將酒液放入橡木桶熟陳，就像是我們熟悉的白蘭地與威士忌，即是如此獲得。此外，蒸餾酒混入香料、果實或藥草，會因著原物料差異，賦予蒸餾酒不同風味，也就是合成酒或再製酒、調和酒，如我們所熟知的浸泡梅酒與利口酒（liqueur）等。

酒亦為醫療與公衛所用，像是在缺乏潔淨飲用水時會選擇飲酒，而捨棄可能遭到污染的水。蒸餾酒在十四世紀被視為「生命之水」與「火之精靈」，象徵賦予人們活力與精力，雖有不少國家曾發佈「禁酒令」，但尚能倚賴醫師的「處方籤」取得酒液，發展出「利口酒」，就像是我們熟知的藥酒。

總而言之，蒸餾技術與設備的出現，締造了蒸餾酒，調和酒也因此衍生而出，讓酒的樣態變得更加豐富多樣。

一、蒸餾的概念

　　所謂蒸餾酒，即以穀類為原料（經糖化作用），或水果類等糖質原料經酵母菌發酵後（乙醇濃度在20%以下）的釀製酒，經蒸餾技術得到無色、透明，乙醇含量約在20-40%之間的酒精飲料。當然酒精濃度可以再更高，但因人們對健康意識的重視及生活質量的提高，蒸餾酒中乙醇的濃度控制，有下降的趨勢。

蒸餾的原理——次汽化和冷凝

　　蒸餾是利用物質揮發性（volatility）的差異，將液體經過加熱得到充分的熱能，在它的沸點完全汽化，然後經由冷凝管冷卻、凝結成為液體，而達到分離收集的目的。因此，蒸餾包括汽化（vaporize）、凝結（condense）與收集（collect）三個程序（如圖）。這項技術是純化與分離物質常用的方法之一。

　　簡言之，原物料經過酵母菌發酵產生的酒精飲料，經過蒸餾設備，藉由各基質沸點的不同，如酒精沸點為78度，水的沸點為100度，在不同的溫度點，先後被汽化、凝結與收集，因而將酒精與香氣成分分離出來，進而提高酒精與香氣成分濃度的過程。

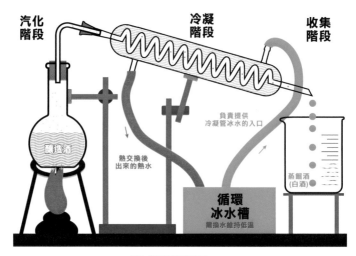

汽化階段　冷凝階段　收集階段

負責提供
冷凝管冰水的入口

嚴謹酒

熱交換後
出來的熱水

蒸餾酒
(白酒)

循環
冰水槽
需換水維持低溫

單式蒸餾器圖

　　一般來說，嚴謹的蒸餾過程分為初餾及複餾二階段：於初餾（發酵液行第一次蒸餾）的過程，收集發酵酒中多數的酒精與芳香化合物，再透過複餾（以第一次蒸餾出來的液體再行第二次蒸餾）的過程，分離出不悅的香氣成分。

　　然多數家釀臺灣米酒的蒸餾方式，均以單式蒸餾器進行一次蒸餾而得，所用的設備如上圖，即是經上述原理所製成。需注意的是，發酵完成的酒醪應該盡快進行蒸餾，避免出現酵母因自家分解而產生的異臭。於後，我們將介紹單次蒸餾過程的參考數據。

　　如前敘可知，蒸餾是只進行一次汽化和冷凝，於酒醪加熱的過程中，將發酵過程所產生的芳香化合物及酒精，隨沸點的不同及蒸汽壓的變化，依序分離並收集，具有酒精濃縮的效果，並掌握收集的不同時間點，來取捨酒中喜好與不愉悅的氣味，以提高酒的品質。

市面上大家所熟悉的蒸餾酒，如愛爾蘭的威士忌（Whiskey）、蘇格蘭的威士忌（Whisky）、白蘭地及琴酒，從西亞蔓延至東南亞的「亞力酒」（Arrack）、東亞的白酒、日本的燒酎、墨西哥的龍舌蘭酒、俄國的伏特加酒與臺灣的米酒等，都需經過反覆的蒸餾或連續式蒸餾器而製得，這樣的過程即是運用分餾原理來操作，試圖獲得多項產品，達到產品純度高、效率佳的目的。

家用不鏽鋼 單式蒸餾器圖

家用銅製 單式蒸餾器圖

分餾的原理（fractionation distillation）是兩種或兩種以上的液體混合物，利用分段蒸餾的方式達到分離的目的。分餾裝置與簡單蒸餾類似（下圖），但在蒸餾瓶的上方加裝一支含有玻璃珠填充物的分餾管（fractionation column）。

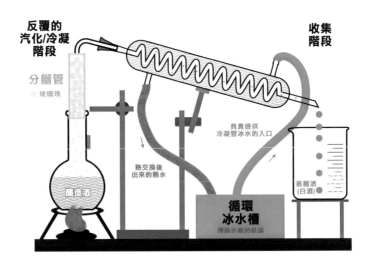

反覆的
汽化/冷凝
階段

收集
階段

分餾管
玻璃珠

負責提供
冷凝管冰水的入口

熱交換後
出來的熱水

蒸餾酒
（白酒）

循環
冰水槽
不斷換水維持低溫

分餾設備─連續式蒸餾器示意圖

蒸餾瓶中的液體混合物經加熱汽化，蒸汽從蒸餾瓶沿著分餾管上升，碰到溫度稍低的玻璃珠填充物時，部分蒸汽會凝結，凝結的液體有些將再度蒸發，因此在分餾管中會發生一連串凝結與蒸發。

單式蒸餾器可進行一次汽化和冷凝；如要進行分餾，則會選用連續蒸餾器，分述如下表：

單式蒸餾與連續蒸餾的差異表

單式蒸餾器	連續蒸餾器
設備簡單經濟、操作容易，不需太多專業技術。	因分離效果佳，可獲得多項產品，且產品純度較高、分離效率佳。
產品的品質穩定性差，較難得到高濃度產品，分離效率差。	設備相對昂貴，操作上需要較多專業知識。

若依據富糖質或含澱粉的原物料分類，又可略分成單式發酵後蒸餾與複式發酵後蒸餾，可略見下表：

常見蒸餾酒的製成差異表

發酵後蒸餾之形式	原物料種類	代表性釀酵品
單式發酵後蒸餾	糖質（水果）	白蘭地
	糖質（糖蜜）	蘭姆酒
複式發酵後蒸餾	澱粉質（穀類）	米酒、高粱酒、威士忌、琴酒、伏特加酒
	澱粉質（甘藷）	燒灼

二、蒸餾時的觀察指標與目的

傳統上有「生香靠發酵，提香靠蒸餾」之說，也就是說，藉由經驗的傳承與品評決定蒸餾收集點外，還有一些觀察點可注意，操作過程須謹慎。

● ● ● ●
蒸餾的三階段

一般家釀者多數都採一次蒸餾的方式來操作，「掐頭去尾留酒心」是蒸餾常說的話，也就是將蒸餾出來的酒液分成三段收集。所謂分三段收集，就是依著收集到蒸餾酒的先後時間來區分，先收集到的部分稱酒頭，接著為酒心（蒸餾過程的主要階段），最後為酒尾（酒精濃度已相對較低的階段）。

蒸餾是透過各成分的沸點差異進行分離收集，所以於各階段（酒頭、酒心、酒尾）所收集到的成分必然不同，其中有些成分是我們想要的，有些成分是不要的，必須分段收集再進一步處理，而通常酒頭與酒尾階段收集到的成分多是不想要的，於是有掐頭去尾之說，我們將各階段需注意之處分述如下。

酒頭

蒸餾的原料如為水果酒，進行蒸餾時，因含有相對高量的甲醇又稱木精，有臭味、具毒性，沸點64.7度低於酒精，必須去除；如為米酒進行蒸餾時，則相對無甲醇的顧慮，但其中成分如乙醛沸點低，具惡臭味

且辛辣，多存在於酒頭，而如丙醇、異丁醇及異戊醇等成分具惡臭，雖然沸點較高，但因水溶性低，也常出現於酒頭，故應將酒頭分別收集起來，不直接引用，通常可於下一批蒸餾時，倒回酒醪中進行反覆蒸餾，或後續調香勾兌使用。

酒心

於此階段所收集到的酒液，多數為乙醇及芳香成分，為主要的蒸餾酒部分。至於其收集的時間點，可藉由釀造者品評取樣決定，或依據蒸餾器上的溫度計、收集的體積百分比及餾出的酒精濃度點當作參考點。

如下圖所得的數據，為以家用不鏽鋼蒸餾器操作時的紀錄，分別記錄餾出的酒精濃度及蒸餾器上的溫度，可供參考。以下圖來說：一次蒸餾操作所收集的酒心，酒精濃度落在50%到28%之間（此時溫度計顯示約在86-90度），此階段收集到的蒸餾酒，平均酒精濃度約落在40%左右，即為主要的成品。

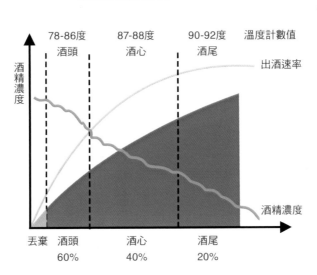

蒸餾過程趨勢圖

觀察紀錄	
溫度	酒精度
78	70
81	65
82	60
84	55
85	52
86	50
87	47
88	36
90	28
92	16

酒尾

　　於酒尾部分收集到的成分當中，因其糠醛及雜醇油的成分，將造成異味及酒液混濁，但乙醇含量仍高，故可收集起來，倒回酒醪中反覆蒸餾使用。

為何蒸餾時出現白色霧狀混濁

　　有蒸餾經驗的朋友可能會發現，當蒸餾酒的酒精濃度低於40%時，會開始出現白色混濁的現象（如圖示）。此些白色混濁的成分，主要為酒精與各種有機酸結合成的高級脂肪酸乙酯，當中以棕櫚酸乙酯、油酸乙酯及亞油酸乙酯為主。這三種高級脂肪酸乙酯的特性是能溶於酒精但不溶於水，因此，當蒸餾酒降低酒精濃度後，這三種成分因溶解度降低而產生白色混濁。

　　除了酒精濃度的差異外，還與溫度有關。因此我們偶爾會發現，一些蒸餾酒在氣溫低的冬天，因溶解度降低而析出白色混濁物，當氣溫升高的時候，又回復成清澈的狀態。

蒸餾酒混濁示意圖

如何解決白色混濁

　　這些高級脂肪酸乙酯成分於蒸餾的過程中，主要分布在酒頭與酒尾階段，因此，前述掐頭去尾的手法，可間接地降低酒液混濁的機會，而這些酒頭酒尾，除了前述放入新的酒醪中進行複餾外，也可另外收集起來，延長貯存期間，等混濁物質被分解後，再經二次酯化，反而成為具有老酒香的調香酒。

　　另外，蒸餾時火力的控制，也影響著這些高級脂肪酸乙酯被蒸餾於蒸餾酒中的濃度，雖說以大火蒸餾時可增加出酒的速度，但以慢火蒸餾時，除了讓造成混濁的酯類於蒸餾酒中的濃度下降外，蒸餾酒中的乳酸含量也會較少，進而增加酒的質量。此外，還可嘗試的方式尚包括：

冷凍法

　　將蒸餾酒放入約-20度的環境下約8-24小時，藉由低溫降低溶解度的原理，使析出產生凝集而沉澱，最後於低溫下進行過濾，即可獲得澄清的蒸餾酒。

活性碳吸附法

　　加入約0.1-0.5%的粉末活性碳，充分攪拌後靜置1-2天，過濾後即可得到澄清的蒸餾酒。但需注意的是，其他的香氣成分也會跟著減少，因此作用的時間及活性碳的添加量，必須依著自己的喜好有所調整。

　　經過一連串的努力，得到了自己醇釀的蒸餾酒，但馬上喝時，可能又會有點失望，於前面章節我們知道透過時間熟成會帶來的好處，也就是透過時間的存放，經過物理與化學變化，將產生澄清安定與提升風味口感之效果。可以選擇單純靜置，又或放置於橡木桶熟成，或加入橡木塊、香料植物等，賦予香味（如白蘭地）。

經由一連串的摸索與實做之後，對於釀造酒與蒸餾酒的製作方式應該有所掌握，最後要帶大家玩個相對容易自製的一浸泡酒，在分類上屬於再製酒的一種。

再製酒又稱「利口酒」（liqueur），其名稱來自拉丁文之音譯，帶有溶入之意。是一包含酒精、果汁萃取液與糖，甚至香料物質及色素之混合物。通常使用高濃度酒精的蒸餾酒為基底酒，以水果、堅果、草藥、香料等為原料，經浸泡、萃取、調配加工而製成，在裝瓶前通常會額外加糖，來增加口感的協調性，像是我們熟悉的梅子酒，多是用浸泡方式所得到的再製酒，又稱為混成酒，在上市前，各家依自己的配方再行調整。

根據相關資料，再製酒的發展在蒸餾酒之後，可能是為了緩和蒸餾酒的烈性，始添加水果或香料而成的；還有另個說法，即是為了健康養生、企圖製造不老長壽的秘藥，據說被尊稱為「醫學之父」的古希臘希波克拉底，曾嘗試將藥草溶於葡萄酒中，後世則浸泡更多不同選材於酒液中，像是果實、香草或藥草，都屬於固體，液體則為酒體，若要說「調合酒是透過固液體萃取融合而出的酒品」也不為過，因而本節以「固‑液釀學」為名。

由於製程中未經由酵母菌的酒精發酵，所以浸泡酒的風味特性主要來自原物料所溶出的物質，因此本章主要帶大家如何有原理根據地進行浸泡酒的製作。

一、以酒萃合固體的產製方法

再製酒的種類很多，將浸泡的原料換掉，就可創造出香甜口感或苦味型的再製酒。

依原料來分

大家所熟悉的風味大致包括：

1. 水果類：以水果成分命名，如櫻桃酒、梅酒。
2. 種子類：用種子或豆類製成，如咖啡酒、杏仁酒。
3. 香草類：使用香辛植物或花草類，如薄荷酒、茶葉酒。
4. 果皮及樹皮類：以橘皮、樟樹皮等製成，如產於法國之Macvin 含樟樹皮，Créme Demandarine 為橘皮酒之總稱。
5. 乳脂類：如產於愛爾蘭之Waterford Cream奶油酒。
6. 動物類：以鹿茸或虎骨等浸泡之藥酒。
7. 其它類：以糖漿或蜂蜜等原料製成。

於後將以大家所熟悉且喜愛的水果類為例進行實作。

依製成來分

浸漬酒之特色，在於浸泡過程中，原物料之香味及色素釋放的程度，所以依原物料特性的不同，會使用不同萃取的方式，大致方法如下。

蒸餾法（distillation）

　　為加熱式萃取的一種方法，主要是將香味植物原料浸漬於酒精溶液中一段時間，加水蒸餾，或用減壓蒸餾的方式（目的在於可在相對低溫的狀態下進行蒸餾，降低香氣成分改變的機會）所得到的產品。

滲出法（percolation）

　　此方法主要是避免萃取原物料中過多的成分，如不必要的苦味味質。滲出法的過程是不透過加溫，利用酒精來回通過原物料，如淋浴般的方式將香味成分抽出，減少不必要的成分溶出，此法適於軟質的水果。

浸泡法（infusion）

　　為家釀者最容易操作也最熟悉的方式，將想要浸泡之原物料放入基酒中，經過適當時間使香味成分溶出後，所得之浸出液即為浸泡酒。而此過程的效果取決於酒精濃度、糖的含量高低、浸泡時間的長短、甚至環境溫度而定。

　　以滲透壓來說，相同濃度的酒精（1%）與蔗糖（1%）比較，酒精所造成的滲透壓遠高於蔗糖造成的滲透壓，超過10倍以上。所以不要覺得沒有加糖就無法讓浸泡的水果釋出顏色與香氣，酒精濃度才是主要的角色，而糖是後續調整口感及風味的配角唷。

浸泡酒的面面觀

水果再製酒最常使用即為「浸泡法」，將水果等原物料，加入大量的糖，直接浸入米酒或高粱等基酒中，接著經過長時間的浸泡，通常是三個月到半年，果實之成分與香氣逐漸被酒液萃出。

原物料與基酒怎麼選，就決定成品的好壞；浸泡的時間（果肉取出的時間）也需特別注意，並非越久越好，因浸泡時間的長短，將影響成品的色香味。

酒精（乙醇）是種特別有趣的分子，在浸泡酒中主要作用為一種溶劑，許多不溶於水的成分，都可以溶於酒精液體中。浸泡酒的製程，主要是透過固液間相互作用，無須酵母作用即可成，與前文提到的純釀酒不同，並無發酵現象。因而，酒的風味主要受固液（果實與酒液）的原物料種類、混和的比例，與浸泡時間影響。

有關果實的選擇，若是經浸泡而易潰爛的水果，像是桃子、藍莓、香蕉、草莓等，容易導致酒液混濁，影響到酒的風味與色澤，浸泡時間需要再斟酌或提早取出；如為梅子、李子、櫻桃等則不須取出果肉。

由於水果再製酒大多含有果膠物質，若溶於酒液中易發生混濁沉澱，最終須以精細過濾去除懸浮性沉澱，使酒液澄清。如以較高濃度的基酒浸泡，短時間浸漬後再加入蔗糖，其酒液收量多，果渣殘量少，色度佳，是較適當之浸漬方法。總言，基酒的差異與浸泡的時間（依果實而不同），為浸泡酒製作過程需考慮的要素。

以梅子浸泡酒為例，傳統常以米酒為基酒，放入青梅、冰糖，經由幾個月的浸漬、萃取，再經調配、熟成，而製得梅香黃澄的成品。浸漬後的梅子，可經加工製成蜜餞產品，提升其附屬價值，我們也藉此能品嚐到不同的滋味。

梅子的選擇，青梅之香氣不及黃熟梅，建議以黃熟梅所浸漬之產品風味較佳。梅子再製酒的製作方法大致如下：

浸泡：水洗瀝乾→配方調整（酒精、糖、梅子比例）→浸漬

熟成：固液分離→熟成→過濾→裝瓶

我們嘗試過以固液比＝1：2之比例，浸於40%葡萄酒蒸餾酒中，30天後進行固液分離，加入適量的糖調和，即可得品質不錯的梅子再製酒。

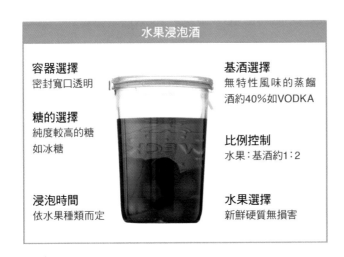

水果浸泡酒

容器選擇
密封寬口透明

基酒選擇
無特性風味的蒸餾酒約40%如VODKA

糖的選擇
純度較高的糖如冰糖

比例控制
水果：基酒約1：2

浸泡時間
依水果種類而定

水果選擇
新鮮硬質無損害

二 、影響再製酒品質之因素

再製酒的製造看似簡單，但果實的成熟度、酒精濃度、固液比、糖的添加量與添加時機、浸漬時間等，皆會影響再製酒的品質與風味，下文將以梅子酒為例，一一說明。

原料：固液根本

果實熟度

水果隨著熟度增加，香氣容易揮發出來，且糖分增加、酸度減少，但過熟之果實則易有受損腐爛的情形，除了容易造成汙染之外，也是導致再製酒混濁的原因之一。坊間梅子再製酒常以青梅為原料，但青梅的香度不如黃熟梅來得好，如改為黃熟梅所製成的梅子再製酒，風味將更為濃郁，因此挑選適當熟度的梅子，是影響再製酒品質的關鍵。為確保製程中不受微生物之污染，梅子必須經過清洗，且清洗之後須盡量瀝乾，以降低雜菌汙染的可能性。

酒液：酒精度

酒精度越高，滲透壓就越高，浸泡於罐中的梅子，其成分溶出的效果也就越好，研究指出，若以95%vol酒精來浸漬萃取梅子，幾乎可萃取出梅子中全部的內容物。不過，如果為了萃取效果，而選擇太高酒精濃度的基酒，將造成成品過高的辛辣刺感。

以飲用者的立場來說，產品的酒精濃度在15-20%左右較容易被接受，而經驗值也告訴我們，浸漬梅子後的基酒，其酒精度約降低三分之一至二分之一，由此推算，基酒酒精度以30-40%vol為宜。

除了酒精度之外，基酒的好壞，更是直接影響品質的關鍵，建議選擇較不具個性風味的蒸餾酒，像傳統上常用的米酒或高粱酒，相對而言，都很有個性，比較無法呈現出水果香氣。在國外，浸漬水果的基酒常以水果蒸餾酒為主，可選用透明的白蘭地，效果不錯。如於市面上購買，也可選擇如伏特加等作為基酒，以減少影響浸泡酒風味的因素。

固液比：萃取進退關係

不同之原料與基酒的比例（固液比），將導致酒精濃度的差異，造成滲透壓的程度不同，影響梅子中成分溶出量和萃取速度，而有不同的成品。

一般而言，高固液比時（例如1：1），梅子中的可溶性成分濃度較高，但因酒精濃度相對較低，無法將梅子所有的香味物質萃取出來；而在低固液比（1：4）浸漬時，雖然萃取出的成分較完成，但因（酒精）較高造成稀釋的效應，導致香味較淡，色澤上則相對亮麗。故取其中間數值，固液比（1：2）為我們建議的比例。

糖：甘甜地滲透

浸漬萃取的過程，主要是酒精濃度造成滲透壓的關係；再製酒添加糖之主要目的，則為增加甜味、增加酒液之酒體，最後才是提高滲透壓，促使水果成分之溶出，與發酵無關連。

坊間作法常於浸泡的同時添加糖，雖然對果實中水分的快速溶出有幫助，相對容易致使梅子皺縮，不像一開始飽滿。若期待擁有飽滿的果實，可待浸漬完成再加糖，即能避免此現象的發生，也有利於固液分離後，梅子還可另外使用。另一個選擇，則是以多次、少量的加糖方式，避免高滲透壓、致使梅子皺縮的現象發生。

另外，研究報告指出，浸泡過程中同時加入糖，將會導致酒液體積減少約10%，也就是原本500ml的酒分離後約剩下450ml，產量因而減少，相當可惜。

就前述提到，再製酒添加糖的目的為增加甜味，以甜度來說，糖的種類不同甜度也不同，果糖的甜是蔗糖的 1.7倍，葡萄糖是蔗糖的0.7倍，可依對於甜度喜好不同，選擇添加的糖類。若就口感而言，因蔗糖的分子較大，故其口感最佳，但在浸泡初期即添加蔗糖，像是白砂糖與冰

糖、黑糖、二砂糖等，於浸泡過程中會進行轉化作用，也就是蔗糖水解成果糖與葡萄糖，即會喪失添加糖的本意與目的，所以我們會選擇在固液分離後再添加。

至於添加糖的含量有無參考標準呢？依據坊間的再製酒的糖分含量範圍非常廣，由2.5%至30%之間，可依個人喜好調整。

時間與外觀的競合關係

浸泡酒製作所需的時間，必須隨水果特性不同而有所調整，如草莓、紅莓或水蜜桃等果肉較柔軟的水果，浸漬十日即可；梅子、李子或櫻桃等則屬較為堅硬的果實，可長時間浸漬，以萃出較多之果實內容物，需注意的是，果實中苦味物質被萃出的量也會跟著提高，而造成酒具苦味；且隨浸漬時間增加，酒液褐變程度上升，影響產品外觀，故建議浸漬約一至兩個月即可。

另一個影響酒液外觀的因素，為水果中的果膠成分，尤其是桃子與柑橘類富含果膠之水果，特別容易發生酒液混濁現象。通常遇到此狀況時，可利用適量果膠分解酵素的添加，使酒液澄清。

果實中之多元酚與單寧的成分，亦是導致酒液混濁的原因之一，這些成分會於浸泡過程溶於酒精溶液中，彼此互相聚合，或與蛋白質及其他金屬離子結合而產生沉澱，造成混濁。對家釀者而言，可以觀察酒液外觀的變化，當開始出現混濁狀時，即可取出果肉、分離出酒液，減少混濁的程度。

我們已知道酒熟成的好處，時間可使酒液風味更加圓融，減少酒精的刺激性。我們常靜置約一至二個月，因熟成時間若太長，原料水果新鮮的香氣將會喪失，家釀者們可依自己對風味的喜好有所調整。

殺菁

在實作蘋果發酵酒部分（P139），曾提到殺菁程序，若果實上蠟，建議削皮，而浸泡酒的果實，通常都連果皮一同浸泡入酒，有需要殺菁嗎？

以梅子為例，經過殺菁的梅子，表面的質地組織被破壞而軟化，會使梅子內容物的溶出速度較快，果膠較容易溶出，致使酒液較易呈現混濁，不容易過濾澄清，應使固液萃取關係簡單；另殺菁過程，因熱處理的關係，果肉組織變得鬆散，硬度下降，改變了梅果中溶出的成分與溶出之速率，易引起褐變的物質的通透量增加，也使得酒液的褐變程度，變得更加嚴重。因此，基於浸泡酒澄清度與果相酒色的品質，不建議殺菁。

一、櫻桃浸泡酒

ingredients

櫻桃	200g
蒸餾酒	400ml
冰糖	60g
玻璃瓶	1個
75%酒精	

經過前面一連串的釀酒過程，從水果酒、米酒系列一直到蒸餾酒的完成，是否想小歇一會，做些輕鬆又有成就感的酒呢？在理解前述釀酒相關知識的腦力衝擊後，現在應該是犒賞自己的時候了。

釀造酒能帶來多元豐富的香氣，蒸餾酒高濃度的酒精衝進鼻腔腦門又是另種感受，接著我們要回歸到以酒衝撞水果的本質，清香與酸甜口感的酒—水果浸泡酒。

適用果物

適合核果類：如櫻桃、李子、梅子、龍眼、荔枝、枇杷、蔓越莓、藍莓。

● 前處理 ●

*1.*將櫻桃洗淨，去梗。
＊清洗是為了去除櫻桃表面的灰塵雜質等，以自來水清洗即可。而先清洗再去梗的順序，主要是避免洗後的髒水回流至果實中，降低污染的機會。

*2.*去梗後再以飲用水沖洗後，瀝乾。

● 挑選時主要是挑掉有破損、外觀有明顯變色腐敗現象者，留下結構組織完整的櫻桃。主要目的是降低汙染源，以及浸泡過程發生酸化或黴變的機會。記得，前述清潔消毒是王道的概念，浸泡酒雖然不是透過微生物的作用，但操作環境與器具的清潔消毒仍是重要關鍵。

● 再以飲用水沖洗一次，降低野生微生物的菌相，降低浸泡過程酸敗的機會。

● 我們指的瀝乾，就是甩掉去除表面多餘的水分，以果實拿起來不滴水為原則。因這個過程所殘留的水分，會影響到浸泡用基酒的酒精濃度，如果選用較低酒精濃度的基酒如清酒，就需注意被稀釋掉的酒精部分，因低濃度的酒精除了抑菌效果較差、易造成酸敗外，於浸泡酒中所需要的滲透壓也會降低，萃取效果就相對較低了。然若選用的基酒為40%，對於水果摸起來還濕濕的感覺就可不用太在意。

加入基酒

*3.*果實放入發酵瓶。

● 瓶罐使用前，需以75%酒精消毒或以沸處進行熱消毒。

● 盡量選擇寬口的密封罐，方便過程的操作，以及避免於浸泡過程酒過度的氧化。

*4.*加入基酒，比例為水果1：酒2。

● 此部分1：2的比例是可以調整的，也許1：1，也許1：1.5，依各家配方，除了水果香氣濃度的考量外，主要需考慮的是最終的酒精濃度是否足夠。

● 我們習慣以40%的基酒，以水果1：酒2的比例進行，因浸泡時間短，水果用量相對少，酒精濃度又足夠。這樣的比例於最終成品時的酒精濃度約少掉1/3，維持在25%以上。

*5.*上蓋密封。

● 浸泡酒的浸泡過程，主要是透過物理的溶質傳遞作用，而不是透過微生物發酵。所以沒有微生物發酵過程明顯產氣的現象。因而要考慮的是避免過多氧氣，造成酒的過度氧化，或外部微生物的汙染，因此蓋子是否有密封就很重要了。

6.浸泡萃色，約一個月左右時間。以家釀者而言，顏色的變化、香氣強度與口感是判斷浸泡時間最好的指標。如圖所呈現的顏色僅需二個星期，但口感上還不夠強烈，故建議放置一個月的時間。

● 浸泡時間該如何決定呢？我們已知浸泡主要是藉由各種溶質之濃度差異變化，在果肉與酒液間交換傳輸，當想要的主要物質，如水果的顏色、香氣、酸度等在酒液中達到平衡時，即是可以收成的時候！

● 有檢驗分析能力的朋友常以可滴定酸的含量是否接近平衡，作為浸漬時間之指標，或Lab質的數值來判斷浸泡過程中顏色的變化，甚至酒液中的酚類化合物含量。酚類化合物會隨萃取時間而增加，對於酒的顏色、風口和澀味有直接影響，高濃度酒精對酚類化合物也會有較強的萃取能力，含量太高將影響顏色與風味使品質降低。

7.直接品用。

● 經過一個月的時間，已經可以將果肉與酒液取出，加點冰塊品嚐。此時的櫻桃酒，酒感較重，帶著清香，無甜味，適合喜歡酒感的朋友。

8. 加糖，約酒液體積10-20%的糖，及少許檸檬汁（約10-15ml）。

以上的步驟、比例、與時間，可作為各式水果浸泡酒的參數。

● 如喜歡酒感較為滑順，又想吃到甜甜帶酒氣的櫻桃果肉，可於此時加入約60g（400 ×15%）的冰糖，多放一個月即可。

● 浸泡酒的糖度，可依個人喜好調整。而我們也知道糖酸比對口感的影響很大，因此當糖度增加時，酸也可適當添加，使口感更為提升。

● 另一方面，補糖對酒精濃度而言，有稀釋的效果，就酒品保存來說，加點檸檬汁會降低酒的pH值，如此賦予多個抑制微生物生長的因子，就可降低果酒變質的機會，這樣的作用即為第一章所提的柵欄效應（hurdle effect）。

二、梅子：浸泡與釀酵酒

再製酒的種類很多，將浸泡的原料換掉，就可創造出香甜口感或苦味「有釀酒的經驗嗎？」

不少朋友肯定回應 ─「梅酒」，續問後，發現是將梅子浸泡於米酒或清酒或其他酒液的「梅子浸泡酒」，而非「梅子純釀酒」，這部分的差別，閱讀過本書第一章的朋友，一定知曉當中的差異，不少朋友對於梅子有不小興趣，在分享完發酵、蒸餾與浸泡酒的原理與實作後，我們以梅子，要述浸泡與發酵的差異。

要選青梅，還是黃梅呢？

成熟度	五六分	八九分	完熟
應用	青梅 脆梅	熟梅 Q梅	黃熟梅 梅酒

梅子成熟度與外觀示意圖

「青梅好，還是黃梅好呢？」要回答此問題，就得視我們預期的成果而定，像是脆梅等常選擇青梅來製作，那釀酒呢？或許可以回想或複習在「純釀果酒樂園的嘉年華」中的選果原則提到「熟香程度」（P62），因此，黃熟梅更為適合作發酵酒；青梅比較青澀、質地較硬，在風味上不夠強烈，建議選擇黃熟梅來釀酒，也是浸泡酒選材的優選。需特別注意的是，梅子黃熟的過程，較容易有皮受損或容易腐爛的狀況，得細心觀察、耐心剔除。

梅子與糖鹽的微妙關係

「梅子浸泡酒好像很麻煩，還要搓鹽、加糖，比例又有好多種說法……」梅子的特性極酸、帶苦澀，較難直接入口，日常所見的梅子多經過醃漬或浸泡，如常見的酸漬梅及脆梅等，即是經不同加工方式處理，其中產氰性配糖體苦杏仁苷（amygdalin），就是造成梅子苦味的成分，會隨著梅子的成熟度提高、或加工過程而降低。青梅、酸漬梅與脆梅的多酚含量以及苦杏仁苷含量都有明顯的下降，比例變成6：3：1，透過加工過程，可降低苦澀味。

因此，有朋友分享到「梅子入酒之前，要先搓鹽」的依據，即是來自脆梅鹽漬一夜可去苦澀味的關係，但在入酒浸泡前「一定得搓鹽嗎？」我們認為不需要特別經過鹽漬去苦澀，這樣才能透過酒萃出梅子之本質滋味，因此，可以參照前文「櫻桃浸泡酒」的步驟，製作梅子浸泡酒。

至於添糖的時間點呢？我們選擇在浸泡萃取後，再行添加。主要是因為糖會影響酒液的黏度、降低梅子果實中內容物溶出的速度，酒液比較容易產生褐變、果實也易有皺縮的情形。

糖的添加時間點，可於浸泡後期添加，以增加萃取的速度、降低褐變程度，若喜歡甜口、低酒精的朋友，可於固液分離後，直接加入糖水稀釋飲用，降低酒精度與提升甘口程度。

梅子浸泡酒熟成時間

「梅子浸泡多久熟成呢？有朋友說要至少兩年。」

關於梅子浸泡酒熟成的問題，可就其主要成分酚類化合物、醣類，及有機酸、萃取出的時間而言，2-3個月即可將固液分離，如浸泡過久反而更增加苦澀味，但以實際品飲的感受，約浸泡一個月後以糖水稀釋飲用，在風味、口感、顏色及外觀上，受歡迎程度頗高，且較具果酒新鮮的香氣。

如覺得不夠圓潤，想讓刺激性降低，可於浸泡後固液分離時，讓酒液單獨進行熟成，品飲時再依喜好性進行調糖。

以梅子浸泡酒，為何還要純釀發酵呢？

「去掉搓鹽，瞭解加糖與熟成的時間點，浸泡梅子酒好像很容易上手，為何還要特別釀作梅子發酵酒呢？」

市面上看到的梅子酒，多係浸泡而成，而梅子發酵酒是較少見的，若就「喝我們土地自釀的酒」，樂於嘗試用不同果實釀造的精神，我們很鼓勵朋友自釀嚐嚐多樣酒滋味，除了樂趣與感受、嘗試外，根據氣相層析質譜儀（Gas chromatography–mass spectrometry）分析梅子浸泡與發酵酒的香氣成分，發現梅子發酵酒的香氣種類，要比浸泡梅子酒多出近20種，主要是因為酵母發酵過程產生的（有關此主題，可見P89「酒精之外的感受：發酵的副產物」章節），這也是發酵酒香氣較為豐富的原因。

選擇浸泡或發酵成酒，在梅子典型的香氣與酒質上各有優劣。

浸泡梅酒可保持梅子典型的香氣，但直接飲用，由於單寧高、苦澀味重，需以大量的糖進行調和，酒質相對單調。

發酵梅酒雖口感豐富，但發酵過程中大量二氧化碳的排出、酵母作用，轉化梅子典型香氣，釀予清雅梅香。

釀造梅子酒的前處理，我們希望保留果實中成分，所以不應帶有鹽分，也就無需搓鹽，但要如何去除苦澀味呢？首先在原物料的選擇是關鍵，我們會選擇用趨於完熟的黃熟梅為原料，加以用清水浸泡的方式去除苦澀。

發酵果液的控制

1. 備果：準備2kg黃梅，破碎

2. 補水：加入6.5kg水

3. 調糖：2kg，最後糖度約23度

4. 調酸：最後酸度低於1%，利於發酵

5. 活化酵母添加：5g酵母菌／酵母營養物

· 梅子清洗殺菁：保持色澤、防止褐變及殺菌。

· 破碎梅汁時，如同時將梅子種核破碎，使核仁中所含的杏仁苷分解酶（β-glucosidase）釋放，將有助於脫苦味的反應。

後記

釀旅：從大人的釀酒學，啟程吧！

　　從酒的分類，進而分述發酵、蒸餾與浸泡酒的內涵、原理，再依原理擬定實作方式，是我們結合科學數據與學術整理，透過自己實作、驗證與品用後，藉由本書提案發酵酒、蒸餾酒與浸泡酒的科普藝術。

　　藝術難有統一標準，因為每個人的審美立釀不同，我們期待本書是對於酒有興趣的朋友而言，可以開啟實作釀旅的參考，理解每個步驟或決定背後隱含的原因，自行決策要如何擬訂屬於自己釀旅的計畫、步調與品味、調配的進程。

　　理解發酵原理，自行決定發酵的終點。我們曾提供不同發酵階段的蜂蜜酒，有的喜歡發酵5日的蜂蜜酒，微甜、酒感溫和；也有人喜歡釀造2個月的蜂蜜酒，無糖、酒感強烈。不少釀友與我們分享她等不及發酵期結束，就喝完百香果酒，也有釀友分享到自己喜歡發酵1個月、2個月、3個月的酒，有不同的感覺，都讓人愛不釋手。

　　期許本書能成為發酵、蒸餾與浸泡酒的基本地圖，歡迎大家一起豐富地圖資訊，標記屬於您的作酒經驗，啟程釀旅，豐厚臺灣的釀酒滋味。

關於釀酵，還想知道更多！

轉桶

Ｑ1. 每天要攪拌多久？攪拌的用意是？

前述提到如果沒有適時地攪拌，首當其衝的就是遇見長黴菌的現象。因為果酒發酵的過程中，特別是前期階段，果渣會被發酵過程中產生的CO_2推擠，使其漸漸浮起形成酒帽（cap），由於皮渣緊密聚集造成散熱困難，酒甕中的溫度會開始上升，可高於室溫5℃以上，加上相對密閉的環境，使得相對濕度跟著提高，而這樣的環境就是適合黴菌生長的環境。

除了怕黴菌生長外，以發酵的角度而言還包括降溫。因發酵過程會產生熱，使發酵醪的溫度上升，而溫度太高將會抑制酵母菌，導致發酵停止，甚至產生較多的不好香氣（含硫化合物）。另外攪拌還可降低發酵醪中的二氧化碳含量，有利酵母菌的生長，且適當的氧氣進入可維持酵母菌的數量，以利達到完整發酵的目標。

攪拌的次數通常一天早晚各一次，以家釀者而言，就是上班出門前與下班休息時。以我們的經驗，攪拌不用花很多時間，約一分鐘左右，拿支長柄湯匙，順時鐘攪拌使成漩渦的狀態，接著再逆時鐘攪拌，這樣一來就可達到酒帽下沉，溫度下降，帶入氧氣排出二氧化碳等主要目標了。

Q2.何時該轉桶？如何判斷何時發酵終止？

「轉桶」就是將已經被利用完的果肉、與體力耗盡的酵母菌過濾去除的意思。這些果渣與失活的酵母若在酒甕中太久，會影響酒液的風味與顏色，因此需盡早的將相對澄清的液體轉移至其他乾淨消毒過的瓶罐，進行後熟（後發酵）。

為了讓轉桶更為順利，可將酒甕放入冰箱短暫冷藏，會幫助沉澱更為緊密，方便過濾。而於前面發酵過程「糖與酒精的變化圖」中，酵母嗜糖成酒精的發酵過程約莫7-10天，也就是約10天左右就該轉桶了。

此過程除了可用糖度計觀察外，從外觀上也可藉由酒帽與泡泡的狀態來當作依據。當酒帽已經開始不出現，果肉懸浮於酒甕液體中，一開始如沸騰般的泡泡狀態也不見時，就是所謂的主發酵終點，可以進行轉桶。

請留意，轉桶後並不表示發酵完全終止，事實上仍有部分殘糖繼續被酵母菌利用著，雖然泡泡產生的速度沒有那麼快，但在燈光下仔細看，仍可發現細微的小泡泡，此現象於釀蜂蜜酒時特別容易觀察到。

所以接著必須再進行後發酵，於後發酵的過程，從外觀上的變化可以看到酒液開始慢慢變得澄清，於甕底還有累積一些紮實的沉澱物，於燈光下很仔細的看，也無泡泡產生，這樣的現象表示發酵終止，一般來說，此後發酵的時間約三個星期左右。於後續靜置的過程中如果有沉澱物持續產生，可再藉由多次的轉桶，來提高酒的品質。

發酵控制

Q1. 麵包酵母可以用來釀酒嗎？釀酒酵母能作為發酵麵包用嗎？

釀酒酵母在酒的發酵過程中扮演很重要的角色，應該具有釀造上的優勢，像是酒精的耐受性較高，發酵過程產生的香氣較佳或產酸程度的差異等。

而市售的麵包酵母，目的是在產氣使麵團膨大，對於香氣與酒精度產能的考量就非必須。我們的經驗是，用麵包酵母發酵時，其於香氣上與酒精度都有所差異；反過來說，釀酒酵母則可應用於麵包的發酵，使麵團膨大沒有問題，至於酒精或香氣於烘焙後好像就差異不大了。

Q2. 如何製作微甜、低酒精度的果酒（氣泡飲）呢？

依據第二章發酵過程─「糖與酒精的變化圖」（P79）可以知道，如果一開始將糖度控制在25°Brix左右，加入釀酒酵母於適當的環境下發酵，約莫3-4天，酒精度即可達約6%，此時發酵醪中的糖還沒有完全被利用完，泡泡（二氧化碳）持續產出，如果這時候就取出飲用，即可得到微甜、低酒精的果酒（氣泡飲）。

如要進一步的熟成與澄清，使酒精與糖維持在低糖低酒精的狀態進行後熟，即所謂的殘糖發酵法，於家釀的角度，可放進冰箱中抑制酵母菌的發酵，或經由巴氏滅菌再後熟。如果想要酒精濃度高的香甜酒，也可添加蒸餾酒，以提高酒精度的方式來抑制酵母菌發酵，保留酒醪風味。

傳統發酵的氣泡酒都是透過二次發酵而來，也就是說先行主發酵來得到一些酒精後，接著裝瓶，再加入適當的糖與酵母，於封蓋（密閉）的環境下進行發酵，當二氧化碳排不出去時，即溶於酒中，成為「氣泡酒」。然於此過程可能因發酵條件沒有掌握好，導致酒瓶內壓力過大而爆破的危險，初學者必須留意。

Q3. 為什麼我的酒甕裡都沒看到泡泡？

還記得前述適當的釀酒環境嗎？活躍的酵母及適當的糖、酸及溫度，一一確認這些條件，應該可以讓酒甕中充滿活力。

首先確認所加入的酵母菌是否保有大量的菌種優勢，也許有加入適當量的酵母菌，但其可能因為各種因素，以至於數量或活性上不如預期；如為數量上的關係，此時可藉助於發酵初期大量的攪拌，因我們知道，酵母菌在大量氧氣存在的環境下進行生長。

接著，注意一下發酵環境的溫度是否太低或太高，太低會延長發酵前期的時間，太高則會抑制酵母的活性。於糖度方面，多數人都是因為加了過量的糖，因而降低或抑制酵母的活性，如為此狀況，只需加入一些水稀釋，就可看到酵母菌開始動起來了。於酸度，是否調整到微酸的環境，除了可增加酵母菌的動能外，還可抑制環境中雜菌的生長，幫助酵母菌成為主要的優勢菌種。

如果還是不行，就添加一點發酵營養粉，有時因為水果處理的加工過程或稀釋比例過大，酒醪中的營養成分不足以維持酵母菌的代謝，所以提供養分來幫助酵母菌在多重壓力下（含糖酒精的環境）生長是有效的。

Q4. 阿嬤釀酒法的不穩定，除了受到野生酵母影響外，補糖的量也有關係，糖量該如何調整呢？

野生酵母尚須經過檢測，始知曉其效力，且每次落菌可能也會有差異，相較於釀酒酵母而言，較不穩定。以現今水果的甜度普遍上升的情形下，為了維持適當的滲透壓以利酵母菌生長的畦田，我們可以將傳統阿嬤的釀酒口訣：「一斤水果四兩糖」，調整為「一斤水果兩兩糖」，這樣一來，糖度就會接近我們的理想值25° Brix。

但需注意的是，可適時加入一些檸檬汁來提高酸度，幫助酵母菌成為優勢菌種，以增加成功的機率。

Q5. 加乾酵母跟酵母活化後再使用有什麼差別？

我們容易買到與容易在家操作的商業酵母菌，多數為活性的乾酵母，一般都是經過冷凍乾燥後保存，因所選擇的酵母菌是為了釀酒發酵使用，所以在發酵酒醪中的活性與發酵力都相對較穩定。

通常活性乾酵母都需要以特定的方式使其活化，常見作法是讓酵母菌在適量的溫水中（35℃）懸浮一段時間（20分鐘左右），進行復水活化。但有些酵母菌的廠商會建議直接撒在發酵液上面，可依據選用菌種來源的不同，參考酵母廠商的建議說明書。

活化這個動作還有好處，可於短短的時間內看見糖水開始有產氣的現象，讓我們能判斷此批酵母是具有活性的，將有助於後續發酵狀況問題的排除，因可直接排除酵母菌本身的問題，直接從發酵酒醪中的環境因素來探討。

Q6. 如果沒有糖度計，可用什麼作為標準？

每種水果的糖度區間會因採收的時間點或品種有所差異（參考P61水果糖度表），有些雖變化很大，但以我們的實際釀造經驗來說，水果的糖度平均落在13-15度左右。所以在計算糖度時，可先以15度當作試驗，於25度的發酵環境下，約莫7-10天即可得知酒精的強烈與否，或糖度是否被利用完。

如果嗅到的感覺是微酸及強烈的酒精感，表示糖度控制得剛剛好，發酵過程相當順利；如果嗅到的感覺是甜甜的沒什麼酒精味，表示可能糖度太高，補糖的量可以再少一些；如果嗅到的感覺是微酸、有一點酒精味，表示發酵的狀況很順利，但因糖太少，所以產生的酒精量不夠多，因此，補糖的量可以再多一些。

Q7. 想要提升純釀果酒的酒精度，是否加很多糖即可？

糖度的多少與成品中的酒精濃度有關係，一般來說，約2度的糖產生1度的酒精。但整個發酵過程的環境是為了酵母菌的生存代謝所考量，不可忽略高糖量帶來的「滲透壓」影響，在高滲透壓的環境下，將無助於發酵、提升酒精度，反而是抑制酵母發酵、阻礙酒精生成。

所以為了讓酵母菌穩定生長，當我們想釀造高酒精度的果酒時，可採取分次補糖的釀造方式，維持低滲透壓，讓發酵快速穩定地進行。

Q8. 明明是酒怎麼會是酸的？不揮發性酸還是揮發性酸（醋酸）？

於前述第二章我們知道酒中的有機酸來源有二，一為糖類分解代謝，主要是TCA cycle所產生的不揮發性含氧酸，如檸檬酸、琥珀酸、蘋果酸、丙酮酸及乳酸等，會影響酒的口味，利用不同菌種發酵將會有不同結果，所以完整發酵的酒液都會呈現酒味很重、帶酸口感的結果。

不過還有一種酸是前述的短鍊脂肪酸（揮發性酸），這些揮發性酸以醋酸為主，在低濃度時可以增加酒中香氣的多元性，但是當濃度太高時，則會帶來不好的氣味。如果釀起來的酒，醋酸味太重，則表示發酵過程有遭受到其他微生物汙染，於遭受汙染的狀況下，可能還有其他揮發性酸出現，如甲酸（formic acid）具刺激氣味，丙酮酸（pyruvic acid）具油脂氣味，丁酸（butyric acid）具奶油酸敗味（rancid butter）。

為避免這樣的狀況發生，釀酒時必須注意環境的清潔，包括操作檯面、使用器具及雙手。於轉桶過濾後，盡量將酒液裝到瓶口的位置，或裝上發酵閥（Air Lock）減少與空氣中氧接觸的機會，因醋酸菌屬於好氧菌，所以可以抑制醋酸菌的生長，避免醋化的結果。

Q9. 中途發酵中止怎麼辦？

有時候釀造者於第二天看到泡泡時很開心，造著步驟一直往下操作，但最後嘗起來卻是酒味不夠，還甜甜的感覺，這就是中途停止發酵，沒有發酵完全的結果。

為什麼會發生這樣的情形呢？當碰到問題時，找出問題的關鍵還是在於最適條件環境是否控制好，活躍的酵母、適當的環境（糖和酸）及溫度！

通常是酵母缺乏營養，或發酵過程酸度提高對酵母菌造成抑制，又或者是發酵環境早晚的溫差過大所導致。

此時我們的作法就是添加水分作稀釋，而後加入重新活化的釀酒酵母菌，接著於酒醪中補足養分，很快的將可看到酒甕中又出現活力了。

Q10. 酒的表面長出黴菌了？

還記得第三章實際操作時，請大家於主發酵期，最好每天早晚攪拌一次嗎？

在發酵初期，頻繁地攪拌相當重要，因為攪拌會破壞靜態的發酵液面，也就是破壞黴菌生長所需的環境溫度、濕度，攪拌可以降低溫度與溼氣，且破壞表面的菌相，使黴菌成為優勢菌種的機會降低，黴菌就不容易有生長的機會。

這樣的現象特別容易發生在以水果為原料釀製時，通常發酵第二天，於表面就會形成厚厚的一層酒帽，如過程中都沒有去攪拌，使酒帽入甕，極有可能看見黴菌的生長。

如果真的遇到這種狀況，可以虹吸管抽出下層的酒液到新的甕中，即可重新讓發酵過程持續的往後進行。

原料種類

Q1. 釀造果酒時，果肉一定要切得很小塊嗎？會有什麼影響？

將果肉切小塊或破碎的動作，目的都是為了讓原物料中的成分能夠有效的被利用，當果肉較小、其接觸面積大，原物料中成分與酒醪中液體的物質交換速率自然提高。曾有朋友釀酒果肉切得較大塊，經過一週發酵後，相較於切小塊的發酵果肉狀態，果肉仍相當完整，即表示在相同發酵時間內，切小塊的發酵狀態較為完整。

另需提醒的是，因為居家釀造沒有專業的過濾設備，建議果肉處理盡量切小塊而不糊爛為原則即可，不建議用果汁機直接打得太細（或黏稠），以降低轉桶過濾的困難度。

Q2. 甜酒釀嚐起來，大多覺得偏酸、酒味較濃郁，但也偶有吃到偏甜、酒味較清爽的甜酒釀，這是為什麼呢？

甜酒釀的滋味關乎發酵條件，像是原物料、發酵時間與麴種等，其中發酵時間為重要因素。若想要甜味濃郁、藏酒味的甜酒釀，發酵三日即可收成；如果想要微酸、酒味濃的滋味，可以五到七日收成。

釀造中水的多寡也會影響酒釀的酸度，當麴中水分含量高時、產酸量也大，故在後酒釀製作上，水分含量的添加比例將決定酒釀的類型，喜歡老酒釀型（酸味與酒氣較重）可將額外添加水的比例增加。

因各種水果的成分條件不同，糖與酸的程度均有所差異，在沒有分析工具的條件下，相對較難掌握發酵甕中糖度的控制，對初學者而言是個挑戰。甚至部分水果，經過發酵成酒後，滋味與原料差異極大，像香蕉即是個例子。建議初釀者，先挑選多種單項水果釀造，嚐嚐釀品後，再慢慢調配出喜愛的風味。

一支好酒的目標是達到糖度、酸度、酒精度，與香氣的平衡，用單一水果釀製的果酒，可能於風味上較具特色，但對品酒人士而言也許覺得風味單一、沒有達到完美的平衡。所以當我們已經有辦法掌握發酵過程時，試著混合兩種水果來釀造也是一種選擇。筆者曾將火龍果與葡萄、或荔枝與葡萄一起釀，都有不錯的結果，進階的釀友們可嘗試看看。

靜置熟成

Q1. 果酒釀造完成後，可以直接整瓶加糖調合嗎？

我們建議「要飲用多少，再加糖調和多少」。以筆者的經驗，因居家釀酒都不大量，只要與朋友們多聚聚，很快就可飲用完畢。除非特別想裝瓶送給朋友，多數都無需特別的滅菌，因此純釀酒品中即使達到前述發酵終止的狀態，可能仍有微量酵母菌，這些微量沉睡的酵母菌可能會因為環境改變，如溫度變化、糖度的改變而再度被喚醒。

試想，如果在調完糖後裝入密閉的酒瓶中，當酵母菌再次被啟動時，是不是就有發生爆瓶的可能性呢？曾有朋友因將再加糖的果酒存放於密封罐中，而導致酵母再度產氣、酒液衝出，瓶身破裂，因此，建議要飲用多少再調糖即可。

Q2. 什麼時候才可裝瓶？

事實上，只要是釀造者喜歡的風味階段，任何時間要裝瓶都是可以的。

但以安全的前提考量，必須要確保裝瓶後酒的安定性，家釀者多數以自然酒為目標，即無特別的添加藥劑來確保酒中的安定性，換句話說就是在有酵母菌存在的環境下，只要環境一改變就有可能再度啟動發酵。

除非是發酵時間很長，經過多次轉桶觀察，期間無發酵狀態（泡泡產生）呈現靜置澄清狀態，只要有裝瓶的動作，都需經過巴氏殺菌來處理，以維持酒中的安定性，特別是有調糖的釀製酒。

Q3. 什麼時候可以喝？

這樣的問題常常被問到，我都先反問，你喜歡什麼樣的酒？

還記得發酵過程需要攪拌嗎？其實為了理解發酵的進程，建議朋友們應該於發酵階段、攪拌的同時順道品嚐，這樣可多了解味道的變化。剛開始發酵時，它的味道就像很甜的碳酸飲料（甜酒氣泡飲）；隨著發酵過程的進行，甜味逐漸減少，酒精慢慢地轉為強烈，當酒精的味道達到極致，且嚐起來沒有甜味，即表示主發酵的階段終止了（乾酒，dry）。

這樣的過程描述表示，只要不在意酒的澄清度，在發酵過程的任何階段，只要釀造者喜歡，隨時都可以乾杯。

如果以多數人對酒的既定印象應該是10幾度的酒精、澄清的外觀，平均來說就必須走完前述釀酒的步驟：一個星期的主發酵，三個星期的後發酵，接著再經過一次或兩次的轉桶（依沉澱物多少決定），時間約一到三個月左右。

延伸閱讀／參考資料

1. 青木 皋，陳玉華 譯,2009, 圖解微生物－細菌‧病毒‧黴菌，世茂出版

2. 宮崎正勝 ，陳柏瑤 譯,2016, 酒杯裡的世界史，遠足文化

3. Amy Stewart，周沛郁 譯, 2015, 醉人植物博覽會，臺灣商務

4. Sandor Ellix Katz，王秉慧 譯,2014, 發酵聖經，大家出版

5. Isabelle Legeron MW，王琪、譯,2017, 自然酒，積木文化

6. 賴滋漢、金安兒、柯文慶,2012, 食品加工學（保藏篇），富林出版

7. M.R. ADAMS、M.O.MOSS，陳吉平 編譯,2000,食品微生物學，合記圖書

8. 柯文慶、阮喜文、賴滋漢,2005, 食品學（各論），富林出版

9. 賴滋漢等,2009, 食品科技辭典（增訂版），富林出版

10. 謝建元、林志鈞,2010, 釀酒、葡萄酒與調酒實務，普林斯頓國際

11. Brian J.B. Wood，徐岩等 譯,2006, 發酵食品微生物學，藝軒圖書出版

12. 大葉大學,2001, 水果酒釀造技術及實作研習班，行政院農委會

13. 徐永年, 2003, 火龍果酒釀製之研究, 大葉大學農業生物科技所碩士論文口試計畫書

14. 張嘉珮, 2000, 金香葡萄釀製雪利酒之研究,輔仁大學食品營養學系碩士論文

15. 何皇漪,2005, 蜂蜜酒釀造之研究,輔仁大學食品營養學系碩士論文

16.王麗蓉,2004, 製麴與酒母製備條件對清酒釀造之影響, 國立中興大學食品科學系碩士論文

17.黃俊智 ,2013, 利用生米麴法以及生料液態發酵方式釀造米燒酎,東海大學食品科學研究所碩士論文

18.廖玉梅等, 1988, 梅果汁加工之研究（三）：加工條件對果汁品質之影響, 中國園藝；34卷4期，P262-270

19.林欣榜等,2007,梅（Prunus mume Seibu. et Zucc）及其加工品水萃物抗氧化性及苦杏仁苷含量之探討,臺灣農業化學與食品科學；45卷1期，P46 - 53

20.楊紅亞等,2005, 氣質聯用分析青梅發酵酒和浸泡酒的香氣成分,釀酒科技 9期，P80 - 83

21.B.S. Chidi, D. Rossouw, A.S. Buica, F.F. Bauer ,2015, Determining the Impact of Industrial Wine Yeast Strains on Organic Acid Production Under White and Red Wine-like Fermentation Conditions. S. Afr. J. Enol. Vitic., Vol. 36, No. 3.

22.Sofie M. G. Saerens, Freddy R. Delvaux, Kevin J. Verstrepen and Johan M. Thevelein,2010, Production and biological function of volatile esters in Saccharomyces cerevisiae. Microbial Biotechnology 3(2), 165–177.

大人的釀酒學

發酵、蒸餾與浸泡酒的科普藝術

作者	Gather 四合院 徐永年 陳嘉鴻
攝影	王正毅
美術設計	RabbitsDesign
社長	張淑貞
總編輯	許貝羚
企劃開發	張淳盈
行銷	洪雅珊、呂玠蓉

發行人	何飛鵬
事業群總經理	李淑霞
出版	城邦文化事業股份有限公司 麥浩斯出版
地址	115 台北市南港區昆陽街 16 號 7 樓
電話	02-2500-7578
傳真	02-2500-1915
購書專線	0800-020-299

發行	英屬蓋曼群島商家庭傳媒股份有限公司城邦分公司
地址	115 台北市南港區昆陽街 16 號 5 樓
電話	02-2500-0888
讀者服務電話	0800-020-299
	（9:30AM~12:00PM；01:30PM~05:00PM）
讀者服務傳真	02-2517-0999
讀者服務信箱	csc@cite.com.tw
劃撥帳號	19833516
戶名	英屬蓋曼群島商家庭傳媒股份有限公司城邦分公司
香港發行	城邦〈香港〉出版集團有限公司
地址	香港灣仔駱克道193號東超商業中心1樓
電話	852-2508-6231
傳真	852-2578-9337
Email	hkcite@biznetvigator.com
馬新發行	城邦〈馬新〉出版集團Cite(M) Sdn Bhd
地址	41, Jalan Radin Anum, Bandar Baru Sri Petaling,57000 Kuala Lumpur, Malaysia.
電話	603-9057-8822
傳真	603-9057-6622

製版印刷	凱林印刷事業股份有限公司
總經銷	聯合發行股份有限公司
地址	新北市新店區寶橋路235巷6弄6號2樓
電話	02-2917-8022
傳真	02-2915-6275
版次	初版 9 刷 2024年6月
定價	新台幣480元 / 港幣160元

國家圖書館出版品預行編目(CIP)資料

大人的釀酒學 / Gather等作. -- 初版. -- 臺北市：麥浩斯出版：家庭傳媒城邦分公司發行, 2018.03
面； 公分
ISBN 978-986-408-373-2(平裝)
1.製酒 2.釀造
463.8
107003483